大学入試

▼

10日
あればいい

短期集中ゼミ

基礎からの
数学I+A
Express

福島國光

●**本書の特色**

▶本書は,「例題」→「練習」→「Challenge(チャレンジ)」の3段階構成
 です。

▶「例題」「練習」は解法を必ず身につけたい教科書レベルの基礎的な
 大学入試問題,「Challenge(チャレンジ)」はやや高いレベルですが,
 一度は解いておきたい大学入試問題です。

▶各例題の後には,明快な『アドバイス』と,入試に役立つテクニック
 『これで解決』を掲げました。

※問題文に付記された大学名は,過去に同様の問題が入学試験に出題されたことを
参考までに示したものです。

1 公式による展開

次の式を公式を利用して展開せよ。

(1) $(5x-4y)(3x+7y)$ (2) $(2a+b-c)^2$ (3) $(2x-y)^3$

解

(1) $(5x-4y)(3x+7y)$

$\quad =15x^2+(35-12)xy-28y^2$

$\quad \boldsymbol{=15x^2+23xy-28y^2}$

$$\leftarrow \overset{\overset{ad}{\frown}}{(ax+b)}\underset{\underset{bc}{\smile}}{(cx+d)}$$

$$=acx^2+(ad+bc)x+bd$$

この計算は暗算でできるように。

(2) $(2a+b-c)^2$

$\quad =(2a)^2+b^2+(-c)^2+2\cdot 2a\cdot b+2b\cdot(-c)+2(-c)\cdot 2a$

$\quad \boldsymbol{=4a^2+b^2+c^2+4ab-2bc-4ca}$

←公式にきちんと代入する。

(3) $(2x-y)^3$

$\quad =(2x)^3-3(2x)^2y+3\cdot 2x\cdot y^2-y^3$

$\quad \boldsymbol{=8x^3-12x^2y+6xy^2-y^3}$

$$\leftarrow (a-b)^3$$

$$=a^3-3a^2b+3ab^2-b^3$$

アドバイス

- 公式は頻繁に出てくる典型的な形の式の展開で，途中の計算を省略して使えるようにした式。
- 公式を覚えるには，まず，実際に計算して公式を納得すること。
- 公式は式として覚えるのではなく，形として覚えることが大切だ！

これで一発だ！

これで 解決！

展開公式 ➡ 展開は形で記憶（ⓐとⓑと△に文字や数が入る）

$(ⓐ+ⓑ)^2=ⓐ^2+2ⓐ\cdotⓑ+ⓑ^2$

$(ⓐ-ⓑ)^2=ⓐ^2-2ⓐ\cdotⓑ+ⓑ^2$

$(ⓐ+ⓑ)(ⓐ-ⓑ)=ⓐ^2-ⓑ^2$

$(ⓐ+ⓑ+△)^2=ⓐ^2+ⓑ^2+△^2+2ⓐ\cdotⓑ+2ⓑ\cdot△+2△\cdotⓐ$

$(ⓐ+ⓑ)^3=ⓐ^3+3ⓐ^2\cdotⓑ+3ⓐ\cdotⓑ^2+ⓑ^3$（数Ⅱ）

PS 簡単な計算をするときも，集中して，速く，正確にやることを心掛ける。

練習1 次の式を公式を利用して展開せよ。

(1) $(2x+5y)(-3x+4y)$ (2) $(a+2b-c)^2$ 〈広島国際学院大〉

(3) $(a-2b)^2(a+2b)^2$ 〈北海道工大〉   (4) $(2x+3)^3$ 〈近畿大〉

■ Challenge

$(2x^2-3x+4)^2$ を展開したとき，x^3 の係数を求めよ。 〈東海大〉

2　式の計算

次の式を展開せよ。

(1)　$(x^2+3x+2)(x^2-3x+2)$

(2)　$(x-1)(2x-3)(x+1)(2x+3)$　〈千葉工大〉

解

(1)　$(x^2+3x+2)(x^2-3x+2)$

$=\{(x^2+2)+3x\}\{(x^2+2)-3x\}$

$=(x^2+2)^2-(3x)^2$

$=x^4+4x^2+4-9x^2$

$=x^4-5x^2+4$

←同符号の x^2+2 と
異符号の $3x$ に着目して，
$(a+b)(a-b)=a^2-b^2$
が使えるように変形する。

(2)　$(x-1)(2x-3)(x+1)(2x+3)$

$=(x-1)(x+1)(2x-3)(2x+3)$

$=(x^2-1)(4x^2-9)$

$=4x^4-13x^2+9$

←因数の組合せを考えて，
公式が使えるようにする。

アドバイス ‥‥‥‥‥‥‥‥‥‥‥‥‥‥‥‥‥‥‥‥‥‥‥‥‥‥‥‥‥‥‥‥

- 複雑な式の展開では，2つ以上の項を1つに
  まとめたり，展開の組合せを工夫する。
- 公式が直感的に見える式もあれば，項や因数
  の組合せによって適用できることも多いので，
  形を見抜くことを心掛けよう。
- いつも展開したときどんな式になるか，次の
  式の形を考えて展開しよう。

次の展開も
考えて！

これで 解決！

展開計算の工夫は ➡ ・2つの項を1つにする
・$(\bigcirc)(\bigcirc)(\square)(\square)$ では，展開の組合せを考える

PS 式を見たとき，第1段階の展開はある程度見られるように訓練しよう。

■練習2 次の式を展開せよ。

(1)　$(2x+1)(x+2)(2x-1)(x-2)$　〈名古屋経大〉

(2)　$(a-b-c+d)(a-b+c-d)$　〈高知工科大〉

(3)　$(x+1)(x+2)(x-3)(x-4)$　〈山梨学院大〉

■ Challenge ▬▬▬▬▬▬▬▬▬▬▬▬▬▬▬▬▬▬▬▬▬▬▬▬▬▬▬ ■

(1)　$(a+b+c)(a+b-c)-(a-b+c)(a-b-c)$ を展開せよ。　〈久留米工大〉

(2)　$(x-1)(x+3)(x^2+x+1)(x^2-3x+9)$ の x^3 の係数は $\boxed{}$ である。　〈立教大〉

3 因数分解

次の式を因数分解せよ。

(1) $3x^2+7xy-6y^2$ 〈北海道医療大〉

(2) x^2-zx-y^2+yz 〈愛知工科大〉

(3) $2x^2+7xy+3y^2+5y-2$ 〈東海大〉

解

(1) $3x^2+7xy-6y^2$
$=(x+3y)(3x-2y)$

← $\begin{array}{ccc} 1 & \diagdown & 3\cdots\cdots & 9 \\ 3 & \diagup & -2\cdots\cdots & -2 \\ \hline & & & 7 \end{array}$

(2) x^2-zx-y^2+yz
$=x^2-y^2-(x-y)z$
$=(x+y)(x-y)-(x-y)z$
$=(x-y)(x+y-z)$

←最低次数の文字 z でくくる
とその係数が共通因数となっ
て現れる。

(3) $2x^2+7xy+3y^2+5y-2$
$=2x^2+7xy+(3y-1)(y+2)$
$=(x+3y-1)(2x+y+2)$

← $\begin{array}{ccc} 1 & \diagdown & 3y-1\cdots\cdots & 6y-2 \\ 2 & \diagup & y+2\cdots\cdots & y+2 \\ \hline & & & 7y \end{array}$

アドバイス

- 因数分解をするのに，適当にやったら出来たというのでは心もとない。
- 因数分解も考える方針と順序を整理して，ステップを踏んで考えていこう。
  次のように考えていってだいたい間違いない。

公式適用
タスキ掛け
最低次数
の文字　共通因数

これで 解決！

| 因数分解を
考える順序 | → | ・式全体に共通因数があるか
・公式が適用できるか
・文字が2つ以上あれば，最低次数の文字で整理する
・2次式ならタスキ掛けができる |

練習3 次の式を因数分解せよ。

(1) $6x^2-xy-15y^2$ 〈工学院大〉

(2) $a^2b+ab^2-ac-bc$ 〈静岡理工科大〉

(3) $-4x^2+4x+9y^2-1$ 〈北海道情報大〉

(4) $x^2+4xy+3y^2+x+5y-2$ 〈北海道薬大〉

Challenge

$(ax-3y)^2-(ay-3x)^2$ を因数分解せよ。 〈広島電機大〉

4 おきかえによる因数分解

次の式を因数分解せよ。

(1)　$(x^2+x)^2-8(x^2+x)+12$　　　　　　　　　　〈昭和薬大〉

(2)　$(x+1)(x+2)(x+3)(x+4)-24$　　　　　　　　〈京都産大〉

解　(1)　$x^2+x=X$ とおくと

（与式）$=X^2-8X+12$

　　　　$=(X-2)(X-6)$

　　　　$=(x^2+x-2)(x^2+x-6)$

　　　　$=\boldsymbol{(x-1)(x+2)(x-2)(x+3)}$

(2)　（与式）$=(x+1)(x+4)(x+2)(x+3)-24$

　　　　　　$=(x^2+5x+4)(x^2+5x+6)-24$

　　　　　　　　$x^2+5x=X$ とおくと

　　　　　　$=(X+4)(X+6)-24$

　　　　　　$=X^2+10X+24-24=X(X+10)$

　　　　　　$=(x^2+5x)(x^2+5x+10)$

　　　　　　$=\boldsymbol{x(x+5)(x^2+5x+10)}$

←$(x+1)(x+2)(x+3)(x+4)$

どの項の組合せが，次の展開
に適するか考える。

アドバイス

• 因数分解ではそのまま展開すると，次数が高くなったり，項が多くなったり，計算が厳しい状況になることがある。そんなときは，"おきかえ"を考えよう。

• (1)のように，すぐおきかえる式が見えるのはいいが，(2)のように，次の計算を考えて展開しなくてはならないものもある。

分解は順序よく

これで 解決！

複雑な式の因数分解　➡

・2つの項をまとめて X とおいて X の式に

・最初の展開は適当ではダメ！　次の計算を考えて展開する

練習4　次の式を因数分解せよ。

(1)　a^4-16b^4　　　　　　　　　　　　　　　　〈島根県立大〉

(2)　$(x^2+x+2)(x^2+5x+2)+3x^2$　　　　　　　　〈東京工芸大〉

(3)　$(x-1)(x-3)(x-5)(x-7)+15$　　　　　　　〈旭川大〉

Challenge

$a^4+a^2b^2+b^4$ を因数分解せよ。　　　　　　　　　〈神戸女子大〉

5 無理数の計算

次の □ の中をうめよ。

$$\frac{8}{3+\sqrt{5}}+\frac{9}{\sqrt{7}+2}=\boxed{}\sqrt{\boxed{}}-\boxed{}\sqrt{\boxed{}}$$ 〈大同工大〉

解

$$\frac{8}{3+\sqrt{5}}+\frac{9}{\sqrt{7}+2}$$

$$=\frac{8(3-\sqrt{5})}{(3+\sqrt{5})(3-\sqrt{5})}+\frac{9(\sqrt{7}-2)}{(\sqrt{7}+2)(\sqrt{7}-2)}$$

$$=\frac{8(3-\sqrt{5})}{9-5}+\frac{9(\sqrt{7}-2)}{7-4}$$

$$=2(3-\sqrt{5})+3(\sqrt{7}-2)$$

$$=6-2\sqrt{5}+3\sqrt{7}-6$$

$$=3\sqrt{7}-2\sqrt{5}$$

←無理数の計算では，必ず分母を有理化して計算する。

←約分は分子を共通因数でくくってから約分する。

これは誤り
$$\frac{\overset{6}{\cancel{24}}-8\sqrt{5}}{\cancel{4}}=6-8\sqrt{5}$$

アドバイス ・・・・・・・・・・・・・・・・・・・・・・・・・・・・・・・・・・・・・・

・分母に無理数のある計算では，分母を有理化してから計算するのが一般的である。分母の有理化は

$$(a+b)(a-b)=a^2-b^2$$

の展開公式を利用する。

$$(\sqrt{5}+\sqrt{3})(\sqrt{5}-\sqrt{3})=(\sqrt{5})^2-(\sqrt{3})^2$$
$$=5-3=2$$

分母の有理化
有理化とは有理数化ということで，分母の有理化は，分母を $\sqrt{}$ のない形にすることである。

これで 解決！

分母，分子に掛ける

$$\frac{1}{\sqrt{x}+\sqrt{y}}\text{ を有理化するには} \implies \frac{\sqrt{x}-\sqrt{y}}{(\sqrt{x}+\sqrt{y})(\sqrt{x}-\sqrt{y})}=\frac{\sqrt{x}-\sqrt{y}}{x-y}$$

異符号

練習5 次の式を簡単にせよ。

(1) $\dfrac{5\sqrt{6}+\sqrt{2}}{\sqrt{6}+\sqrt{2}}$ 〈獨協大〉   (2) $\dfrac{4}{3+\sqrt{5}}+\dfrac{1}{2+\sqrt{5}}$ 〈北海道薬大〉

Challenge

次の式を簡単にせよ。

(1) $\dfrac{(\sqrt{11}-\sqrt{2}+3)(\sqrt{11}+\sqrt{2}-3)}{3\sqrt{2}}$ 〈高知工科大〉

(2) $(\sqrt{2}+\sqrt{3}+\sqrt{7})(\sqrt{2}+\sqrt{3}-\sqrt{7})(\sqrt{2}-\sqrt{3}+\sqrt{7})(-\sqrt{2}+\sqrt{3}+\sqrt{7})$

〈東京薬大〉

6 $x+y=\bigcirc$, $xy=\square$ 対称式の計算

> $x=\sqrt{3}+1$, $y=\sqrt{3}-1$ のとき，次の値を求めよ。
>
> (1) x^2+y^2 　　　　　　　　(2) x^3+y^3 　〈長崎総合科学大〉

解 　$x+y=(\sqrt{3}+1)+(\sqrt{3}-1)=2\sqrt{3}$ 　　　　←まず，$x+y$ と xy の値を求める。

　　　$xy=(\sqrt{3}+1)(\sqrt{3}-1)=3-1=2$

(1) 　$x^2+y^2=(x+y)^2-2xy$ 　　　　　　　　　←$(x+y)^2=x^2+2xy+y^2$ より
　　　　　　　$=(2\sqrt{3})^2-2\cdot2$ 　　　　　　　　　　$x^2+y^2=(x+y)^2-2xy$
　　　　　　　$=12-4=8$

(2) 　$x^3+y^3=(x+y)^3-3xy(x+y)$ 　　　　　←$(x+y)^3=x^3+3x^2y+3xy^2+y^3$ より
　　　　　　　$=(2\sqrt{3})^3-3\cdot2\cdot2\sqrt{3}$ 　　　　　　　$x^3+y^3=(x+y)^3-3x^2y-3xy^2$
　　　　　　　$=24\sqrt{3}-12\sqrt{3}$ 　　　　　　　　　　　　　$=(x+y)^3-3xy(x+y)$
　　　　　　　$=12\sqrt{3}$

アドバイス ・・・

- $x+y=\bigcirc$ と $xy=\square$ を基本対称式といい
  x^2+y^2 や x^3+y^3 のような $x+y$ と xy で表せる
  対称式の値を求めるには，$\bigcirc$ と $\square$ を使うのは常識
  である。
- 対称式の基本変形である次の2式は，今後何度も
  出てくるので必ず覚えておこう。

$$x=\sqrt{a}+\sqrt{b} \atop y=\sqrt{a}-\sqrt{b} \quad のとき \quad \Rightarrow \quad {x+y=\boxed{和} \atop xy=\boxed{積}} \quad の基本対称式で計算$$

対称式の基本変形 $\quad\Rightarrow\quad$ $x^2+y^2=(x+y)^2-2xy$
　　　　　　　　　　　　　　$x^3+y^3=(x+y)^3-3xy(x+y)$ 　（数Ⅱ）

PS 　$x^2+\dfrac{1}{x^2}=\left(x+\dfrac{1}{x}\right)^2-2x\cdot\dfrac{1}{x}$, $x^3+\dfrac{1}{x^3}=\left(x+\dfrac{1}{x}\right)^3-3x\cdot\dfrac{1}{x}\left(x+\dfrac{1}{x}\right)$ の変形も関連した
式として，よく出題される。

■**練習6** (1) 　$x=\dfrac{1}{2-\sqrt{2}}$, $y=\dfrac{1}{2+\sqrt{2}}$ のとき，$xy=\boxed{}$, $x^2y+xy^2=\boxed{}$ である。

〈名城大〉

(2) 　$x=3+2\sqrt{2}$, $y=3-2\sqrt{2}$ のとき，x^2+y^2 と $\dfrac{y^2}{x}+\dfrac{x^2}{y}$ の値を求めよ。

〈京都産大〉

■**Challenge**

　　$x+\dfrac{1}{x}=4$ のとき，$x^2+\dfrac{1}{x^2}=\boxed{}$, $x^3+\dfrac{1}{x^3}=\boxed{}$ である。 　〈東京薬大〉

7 二重根号のはずし方

次の式を簡単にせよ。

(1) $\sqrt{5+2\sqrt{6}}+\sqrt{5-2\sqrt{6}}$ 〈千葉工大〉 (2) $\sqrt{19-4\sqrt{15}}$ 〈東京工科大〉

解

(1) $\sqrt{5+2\sqrt{6}}+\sqrt{5-2\sqrt{6}}$

$=\sqrt{(3+2)+2\sqrt{3\times2}}+\sqrt{(3+2)-2\sqrt{3\times2}}$

$=(\sqrt{3}+\sqrt{2})+(\sqrt{3}-\sqrt{2})$

$=2\sqrt{3}$

←　$\sqrt{5\pm2\sqrt{6}}$

$\sqrt{(3+2)\pm2\sqrt{3\times2}}$
　　和　　　積

(2) $\sqrt{19-4\sqrt{15}}$

$=\sqrt{19-2\sqrt{60}}$

$=\sqrt{(15+4)-2\sqrt{15\times4}}$

$=\sqrt{15}-\sqrt{4}$

$=\sqrt{15}-2$

←$\sqrt{\bigcirc+2\sqrt{\bullet}}$ の形にする
　　┄この 2 が point

←$\sqrt{4}-\sqrt{15}$ としない。
　（左に大きい数がくる。）

アドバイス ･････････････････････････

・二重根号のはずし方の公式は，次のように導ける。

$(\sqrt{a}+\sqrt{b})^2=a+2\sqrt{ab}+b$ となる。逆に，

$a+b+2\sqrt{ab}=(\sqrt{a}+\sqrt{b})^2$ の両辺に $\sqrt{}$ して

$\underbrace{\sqrt{a+b+2\sqrt{ab}}}_{A}=\sqrt{(\sqrt{a}+\sqrt{b})^2}=\underbrace{\sqrt{a}+\sqrt{b}}_{B}$

となる。これは，A の形の数は B の形にできるということだ。

$a+b$ と ab に
分解できれば
ルンルンだ♪

これで **解決！**

二重根号 ➡ $\sqrt{\underset{和}{(a+b)}\pm2\underset{積}{\sqrt{ab}}}=\sqrt{a}\pm\sqrt{b}$ $(a>b)$

┄┄この 2 が必ずくるように

PS $\sqrt{3-\sqrt{5}}$ は強引に 2 をもってくるため $\sqrt{3-\sqrt{5}}=\sqrt{\dfrac{6-2\sqrt{5}}{2}}$ と変形する。

練習7 次の式を簡単にせよ。

(1) $\sqrt{6+2\sqrt{5}}-\sqrt{6-2\sqrt{5}}$ 〈防衛大〉 (2) $\sqrt{10-\sqrt{84}}$ 〈九州産大〉

Challenge

2つの実数 a, b が $\sqrt{a}+\sqrt{b}=\sqrt{11+4\sqrt{7}}$, $\sqrt{a}-\sqrt{b}=\sqrt{11-4\sqrt{7}}$ を満たすとき，$a-b=\boxed{}$ である。 〈立教大〉

8　無理数の整数部分と小数部分

$4+\sqrt{15}$ を整数部分と小数部分に分け，小数部分を x とするとき，x と $x^2+6x+10$ の値を求めよ。　　　　　　　　　　〈倉敷芸科大〉

解　$\sqrt{9}<\sqrt{15}<\sqrt{16}$　だから　　　　　←$\sqrt{15}$ を自然数で挟み込む。

$$3<\sqrt{15}<4$$

$$7<4+\sqrt{15}<8$$　　　　　　　←$3<\sqrt{15}<4$ の各辺に 4 を加える。

整数部分は 7 だから，小数部分 x は

$$x=(4+\sqrt{15})-7=\sqrt{15}-3$$　　　　←整数部分を引くと，小数部分が残る。

このとき

$$x^2+6x+10=(x+3)^2+1$$　　　　　←変形しないで $\sqrt{15}-3$ を代入しても求まる。

$$=(\sqrt{15}-3+3)^2+1$$

$$=(\sqrt{15})^2+1=16$$

アドバイス ・・・

・$\dfrac{5}{4}=1.25$ ならば，整数部分は 1，小数部分は 0.25 とすぐわかる。しかし，$\sqrt{2}=1.4142\cdots$ のように小数部分が無限に続く数では 0.25 のようなわけにはいかない。

・そんなとき，小数部分は整数部分を引いて $\sqrt{2}-1$ と $\sqrt{2}$ を使って表すことを知っておこう。

・整数部分と小数部分の求め方は，次の手順で求める。

あ〜♪
およその値を
求めれば〜
ヨサコイ〜

これで 解決！

$a+\sqrt{b}$ の整数部分と小数部分

・$\sqrt{b}$ を自然数 n と $n+1$ で挟む　　➡　整数部分 n

$$n<\sqrt{b}<n+1$$　　　　　　　　　　小数部分 $\sqrt{b}-n$

・両辺に a を加えて　　　　　　　　　➡　整数部分 $a+n$

$$a+n<a+\sqrt{b}<a+(n+1)$$　　　　小数部分 $\sqrt{b}-n$

PS　分母に無理数がある分数では，有理化してから考える。

練習8　$\dfrac{\sqrt{3}+1}{\sqrt{3}-1}$ の整数部分を a，小数部分を b とするとき，a，b の値を求めよ。

また，$a^2+6ab+9b^2$ の値を求めよ。　　　　　　　　　　〈日本歯大〉

Challenge

$\left(\dfrac{1}{2-\sqrt{3}}\right)^2$ の小数部分は　$x^2+\boxed{}x-\boxed{}=0$ の解である。　　〈北海道薬大〉

9 3元連立方程式

連立方程式 $\begin{cases} x-y+z=1 & \cdots\cdots① \\ 2x+3y-z=3 & \cdots\cdots② \\ 4x+y+2z=3 & \cdots\cdots③ \end{cases}$ を解け。　〈東京工科大〉

解

①＋②より

$3x+2y=4\cdots\cdots④$ 　　　　　←①，②から z を消去した。

②×2＋③より

$8x+7y=9\cdots\cdots⑤$ 　　　　　←②，③から z を消去した。

④×7－⑤×2 より 　　　　　　　　　←　$21x+14y=28\cdots\cdots④×7$

$5x=10$ 　よって，$x=2$ 　　　　　　$-\underline{)\ 16x+14y=18\cdots\cdots⑤×2}$

④に代入して，$y=-1$ 　　　　　　　　　　$5x\quad\quad\ =10$

①に $x=2$，$y=-1$ を代入して　$z=-2$

ゆえに，$x=2$，$y=-1$，$z=-2$

悪い消し方

アドバイス

- 連立方程式を解くには文字を消去しなければならないが，3元連立方程式を解くには，右のように適当に文字を消去しても後が続かない。
- 1文字を消去して2元連立方程式にするためには，1つの文字に焦点を当てて文字を消去することだ。

```
── 悪い消去の例 ──
①＋② より　3x+2y=4◀－－z を消去
①＋③ より　5x+3z=4◀－－y を消去
この2式からでは先に進めない。
```

これで 解決!

3元連立方程式 ➡ $\begin{cases} 1文字に狙いを定め \\ その文字を消去 \end{cases}$ ➡ 2元連立方程式に

PS 解が正しいかどうかの検算は，もとの方程式に代入してみればわかる。余裕があれば検算してみよう。

練習9 次の3元連立方程式を解け。

(1) $\begin{cases} x+2y+z=9 \\ x-2y+3z=9 \\ x+y-3z=-9 \end{cases}$ 　〈自治医大〉 (2) $\begin{cases} 2x+y+z=3 \\ x+2y+z=2 \\ x+y+2z=1 \end{cases}$ 　〈久留米工大〉

Challenge

次の連立方程式を解け。

$x(y+z)=5,\ y(z+x)=8,\ z(x+y)=9$ 　〈東北学院大〉

10 絶対値記号とそのはずし方

次の式の絶対値記号をはずせ。

(1) $|-6|$　　　　(2) $|x-3|$　　　　(3) $|2x+4|$

解

(1) $|-6|=-(-6)=6$

(2) $x \geq 3$ のとき，$|x-3|=x-3$　　　　←$x-3 \geq 0$ より $x \geq 3$

$x < 3$ のとき，$|x-3|=-(x-3)$　　　←$x-3 < 0$ より $x < 3$

よって，$|x-3|=\begin{cases} x-3 & (x \geq 3) \\ -x+3 & (x < 3) \end{cases}$

(3) $x \geq -2$ のとき，$|2x+4|=2x+4$　　　←$2x+4 \geq 0$ より $x \geq -2$

$x < -2$ のとき，$|2x+4|=-(2x+4)$　　←$2x+4 < 0$ より $x < -2$

よって，$|2x+4|=\begin{cases} 2x+4 & (x \geq -2) \\ -2x-4 & (x < -2) \end{cases}$

アドバイス

- 絶対値記号｜ ｜は原点からの距離を表す記号なので，絶対値記号｜ ｜がついた値はいつでも0以上である。

- $|5|$ は原点から点5までの距離だから，$|5|=5$ である。ところが，$|-7|$ は原点から点-7までの距離だから，$|-7|=7$ である。

- $|x-2|$ のように｜ ｜の中に文字が入っている場合は

  $x-2 \geq 0$ のとき，すなわち $x \geq 2$ のとき $x-2$

  $x-2 < 0$ のとき，すなわち $x < 2$ のとき $-(x-2)$

  と場合分けが必要になる。

距離は　　距離は

$|-7|=7$　$|5|=5$

-7　　　　0　　5　　x

x の値が $x \geq 2$ のとき
$x-2 \geq 0$ となるから
$|x-2|=x-2$ とする。

x の値が $x < 2$ のとき
$x-2 < 0$ となるから
$|x-2|=-(x-2)$ とする。

これで 解決！

絶対値の性質　$|a|=\begin{cases} a & (a \geq 0) \cdots\!\cdots\, ⊕ \to \text{そのままはずす} \\ -a & (a < 0) \cdots\!\cdots\, ⊖ \to \text{－ をつけてはずす} \end{cases}$

PS 絶対値記号｜ ｜の場合分けは，｜ ｜の中が0となるところが，分岐点になる。

■練習10 次の式の絶対値記号をはずせ。

(1) $|3-\sqrt{10}|$　　　　(2) $|x+5|$　　　　(3) $|2x-3|$

■ Challenge

$P=5|x+3|+4|x-3|$ は $x < -3$ のとき $P=\boxed{}$，　$-3 \leq x < 3$ のとき

$P=\boxed{}$，$x \geq 3$ のとき $P=\boxed{}$ である。　　　　　　〈駒澤大〉

11 関数のグラフ

次の関数のグラフをかけ。

(1) $y=\begin{cases} 2x-1 & (x\geqq1) \\ -x+2 & (x<1) \end{cases}$

(2) $y=|x-3|=\begin{cases} x-3 & (x\geqq3) \\ -x+3 & (x<3) \end{cases}$

解 (1)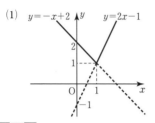

(2)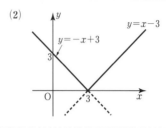

アドバイス

この例題では，定義域の範囲でそれぞれのグラフをかくことになる。定義域に気を取られるとかき難いこともあるから，次のような手順でかくようにするとよい。

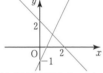
（定義域を意識しないでグラフをかく。）

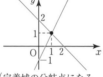
（定義域の分岐点になる y 座標をしっかり求める。）

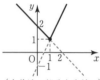
（定義域の部分を実線でハッキリとかく。）

これで 解決 !

定義域で場合分けされた関数のグラフ
・始めは定義域を意識しないでかく
・定義域の分岐点の y 座標は慎重に求める
・定義域にあたるグラフの部分を実線で示す
・グラフはたいてい連続になってつながる

PS $y=|f(x)|$ のように，$f(x)$ の全体に絶対値記号がついている場合のグラフは $y=f(x)$ の $y<0$ の部分を x 軸で，$y>0$ の方に折り返せばよい。

練習11 次の関数のグラフをかけ。

(1) $y=\begin{cases} x & (x\geqq-1) \\ -x-2 & (x<-1) \end{cases}$

(2) $y=|2x+1|$

Challenge

関数 $f(x)=2|x-2|-2$ について，$y=f(x)$ のグラフをかけ。また，$y=|f(x)|$ のグラフをかけ。　　　　〈香川大〉

12 少し複雑な2次関数のグラフ

2次関数 $y = -2x^2 + \dfrac{8}{3}x + \dfrac{2}{3}$ のグラフをかけ。

解

$y = \underset{\sim}{-2}x^2 + \dfrac{8}{3}x + \dfrac{2}{3}$

x^2 の係数 -2 でくくる

$= -2\left(x^2 - \dfrac{4}{3}x\right) + \dfrac{2}{3}$

x の係数 $\dfrac{4}{3} \div 2 = \dfrac{2}{3}$

$= -2\left\{\left(x - \dfrac{2}{3}\right)^2 - \left(\dfrac{2}{3}\right)^2\right\} + \dfrac{2}{3}$

$= -2\left(x - \dfrac{2}{3}\right)^2 + \dfrac{8}{9} + \dfrac{2}{3}$

$= -2\left(x - \dfrac{2}{3}\right)^2 + \dfrac{14}{9}$ ⟵①

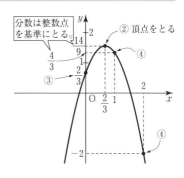

分数は整数点を基準にとる。
② 頂点をとる
③
④

アドバイス

- 2次関数のグラフをかくことは，数Iの中で最も重要な作業の1つである。
- グラフをかくにはまず，平方完成して
  $$y = a(x - p)^2 + q$$
  の形にするが，ここで計算ミスをしては元も子もない。ゆっくりでいいから確実に！

平方完成は慎重に
$y = a(x-p)^2 + q$

- グラフをかく手順は次の①〜⑤の順でかけばよい。

これで 解決！

2次関数のグラフのかき方

① $y = a(x - p)^2 + q$ の形に
② 頂点 $(p,\ q)$ をとる
③ y 軸との交点を求める
  （$x = 0$ のときの y の値）
④ 適当な整数 x を代入して点をとる
⑤ 放物線をなめらかにかく

練習12 次の2次関数のグラフをかけ。

(1) $y = -2x^2 + 6x - 2$

(2) $y = 3x^2 + 5x + 1$

〈北海道医療大〉

Challenge

2次関数 $y = \dfrac{3}{4}x^2 - x + \dfrac{2}{3}$ のグラフをかけ。

13 ２次関数のグラフの平行移動，対称移動

放物線 $y=x^2+2x+3$ を x 軸方向に 4 だけ平行移動し，次に直線 $y=5$ に関して折り返せば，放物線 $y=$ ☐ が得られる。〈大阪薬大〉

解　$y=(x+1)^2+2$ より頂点は $(-1,\ 2)$

この頂点を x 軸方向に 4 平行移動すると $(3,\ 2)$ に移る。

さらに，直線 $y=5$ に関して折り返すと頂点は $(3,\ 8)$ に移り，放物線は逆転するから x^2 の係数の符号が変わる。

よって　$y=-(x-3)^2+8$

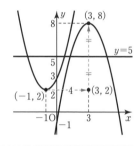

アドバイス

- ２次関数のグラフ，すなわち放物線の平行移動や対称移動は，頂点に着目して移動させるとわかりやすい。

- 平行移動では $y=ax^2+bx+c$ の a の値は変わらないが，x 軸や x 軸に平行な直線に関する対称移動ではグラフの上下が逆転し，a の値の符号が $-a$ に変わるので注意。

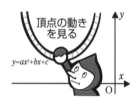

頂点の動きを見る

$y=ax^2+bx+c$

これで 解決！

放物線
$y=ax^2+bx+c$
の移動

・基本は頂点の動きを追う

平行移動

・$y=ax^2+bx+c \longrightarrow y=ax^2+b'x+c'$

x軸に関する対称移動

・$y=ax^2+bx+c \longrightarrow y=-ax^2+b'x+c'$

（x 軸に平行な直線に関する対称移動でも $a \to -a$ に変わる）

練習13 (1)　２次関数 $y=x^2-6x+7$ のグラフは $y=x^2+2x+2$ のグラフを，x 軸方向に ☐，y 軸方向に ☐ だけ平行移動したものである。　〈獨協大〉

(2)　放物線 $y=x^2-4x+5$ がある。この放物線を

x 軸に関して対称に移動した放物線は $y=$ ☐ である。

y 軸に関して対称に移動した放物線は $y=$ ☐ である。

原点に関して対称に移動した放物線は $y=$ ☐ である。　〈岡山商大〉

■ Challenge

ある２次関数を x 軸方向に 4，y 軸方向に -6 平行移動すると $y=-x^2+6x+6$ と一致する。もとの２次関数は $y=-x^2-$ ☐ $x+$ ☐ である。　〈昭和薬大〉

14　2次関数の決定⑴

グラフが次の条件を満たす2次関数を求めよ。

(1)　点 $(-2, -5)$ を頂点とし，点 $(2, 27)$ を通る。　　　　〈千葉工大〉

(2)　軸が $x=1$ で2点 $(0, 3)$ と $(3, 0)$ を通る。　　　　〈湘南工科大〉

解

(1)　頂点が $(-2, -5)$ だから

　　$y=a(x+2)^2-5$　とおける。

　　点 $(2, 27)$ を通るから

　　$27=a(2+2)^2-5$, $16a=32$, $a=2$

　　よって，$y=2(x+2)^2-5$

←頂点がわかっているから
　$y=a(x-p)^2+q$
　の形で。

(2)　軸が $x=1$ だから

　　$y=a(x-1)^2+q$ とおける。

　　$(0, 3)$ を通るから　$a+q=3$ ……①

　　$(3, 0)$ を通るから　$4a+q=0$ ……②

　　①，②を解いて　$a=-1$, $q=4$

　　よって，$y=-(x-1)^2+4$

←軸がわかっているから
　$y=a(x-p)^2+q$
　の形で。

アドバイス ••

- ある条件から2次関数を求める問題は，条件によって式のおき方を使い分けないと計算で苦労する。

- 式のおき方は，主に次の3つの式である。

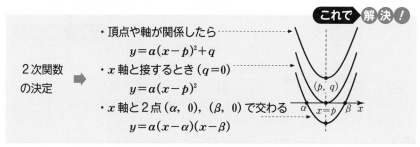

これで 解決！

2次関数
の決定 ➡

・頂点や軸が関係したら
　　$y=a(x-p)^2+q$

・x 軸と接するとき $(q=0)$
　　$y=a(x-p)^2$

・x 軸と2点 $(\alpha, 0)$, $(\beta, 0)$ で交わる
　　$y=a(x-\alpha)(x-\beta)$

(p, q)

α 　$x=p$ 　β 　x

練習14　グラフが次の条件を満たす2次関数を求めよ。

(1)　$x=3$ のとき最小値 -9 をとり，点 $(5, -1)$ を通る。　　〈広島工大〉

(2)　頂点の x 座標が1で，2点 $(-1, -5)$, $(2, 1)$ を通る。　　〈日本歯大〉

(3)　x 軸と2点 $(1, 0)$, $(3, 0)$ で交わり，点 $(0, -6)$ を通る。　〈長崎科学大〉

Challenge

　放物線 $y=x^2+x$ を平行移動して点 $(2, 4)$ を通り，頂点が直線 $y=3x$ 上にあり，原点を通らない放物線の方程式を求めよ。　　　　〈札幌学院大〉

15 2次関数の決定(2)

3点 $(-2, 0)$, $(1, 3)$, $(2, -4)$ を通る放物線の方程式を求めよ。

〈中央大〉

解 $y = ax^2 + bx + c$ とおくと， 3点を通るから

$$\begin{cases} 4a - 2b + c = 0 & \cdots\cdots① \quad \leftarrow(-2, 0) を代入 \\ a + b + c = 3 & \cdots\cdots② \quad \leftarrow(1, 3) を代入 \\ 4a + 2b + c = -4 & \cdots\cdots③ \quad \leftarrow(2, -4) を代入 \end{cases}$$

←3元連立方程式

①－③より

$$-4b = 4 \quad よって，b = -1$$

←1文字消去

①，②に代入して

$$\begin{cases} 4a + c = -2 & \cdots\cdots①' \\ a + c = 4 & \cdots\cdots②' \end{cases}$$

←2元連立方程式に

①'－②' より

$$3a = -6 \quad よって，a = -2$$

②' に代入して，$c = 6$

1文字ずつ消去だ

ゆえに，$y = -2x^2 - x + 6$

アドバイス ··

• 3点を通る放物線を求めるには $y = ax^2 + bx + c$ の一般形において解く。

• 3点の座標を代入すると， 3元連立方程式になるので計算ミスが出やすい。計算力の勝負といえる。(⑨3元連立方程式参照)

これで 解決！

2次関数の決定 ➡ 3点 $(○, ●)$, $(□, ■)$, $(△, ▲)$ を通る放物線
$$y = ax^2 + bx + c とおいて代入$$
$$(a, b, c の3元連立方程式を解く)$$

PS 余裕があれば求めた解が正しいかどうか，点（座標）を代入して確認するとよい。

練習15 次の3点を通る放物線の方程式を求めよ。

(1) $(-1, -2)$, $(2, -8)$, $(0, -10)$ 〈大同大〉

(2) $(1, 15)$, $(-1, -3)$, $(-3, 3)$ 〈自治医大〉

Challenge

頂点の座標が $(1, 3)$ である放物線 $y = ax^2 + bx + c$ が直線 $y = 2x$ に接している。このとき，$a = \boxed{}$, $b = \boxed{}$, $c = \boxed{}$ であり，接点の座標は $(\boxed{}, \boxed{})$ である。

〈金沢工大〉

16　2次関数の最大・最小

(1)　x の値の範囲を $-1 \leqq x \leqq 2$ とするとき，関数 $y = x^2 - 1$ の最大
値は　▢　であり，最小値は　▢　である。　〈静岡理工科大〉

(2)　2次関数 $f(x) = x^2 - 10x + a$ の $3 \leqq x \leqq 8$ における最大値が 10
となる a の値は　▢　である。　〈駒澤大〉

解

(1)　定義域の $-1 \leqq x \leqq 2$ に注意して，
グラフをかく。右図より
$x = 2$ のとき　最大値 **3**
$x = 0$ のとき　最小値 **-1**

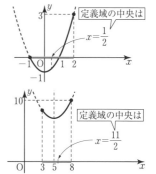
定義域の中央は $x = \dfrac{1}{2}$

(2)　$f(x) = (x - 5)^2 - 25 + a$ と変形。
定義域が $3 \leqq x \leqq 8$ で，グラフの軸が $x = 5$
なので，右のグラフにより
　$x = 8$ で最大値をとる。
よって，$f(8) = -16 + a = 10$ より　$a = \mathbf{26}$

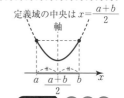
定義域の中央は $x = \dfrac{11}{2}$

アドバイス

• 2次関数の最大，最小は定義域（変域）とグラフの軸
との関係を調べる必要がある。

• Point となるのは，右図のように軸が定義域の中央に
あると，グラフが左右対称になる。これから定義域と
グラフとの関係を次のようにイメージしていこう。

定義域の中央は $x = \dfrac{a + b}{2}$

これで 解決！

2次関数
$y = a(x - p)^2 + q$
の軸の位置とグラフ

軸が中央
グラフは左右対称

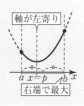
軸が左寄り
右端で最大

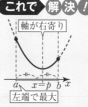
軸が右寄り
左端で最大

練習16　(1)　2次関数 $f(x) = x^2 - 8x + 9$ $(0 \leqq x \leqq 7)$ の最大値と最小値を求めよ。
　〈東京工芸大〉

(2)　定義域 $-1 \leqq x \leqq 2$ において，2次関数 $y = -x^2 + 2x + a$ の最大値が 5 である
とき，定数 a の値と，そのときの y の最小値を求めよ。　〈広島国際学院大〉

Challenge

定義域を $-2 \leqq x \leqq 3$ とする下に凸の放物線 $y = ax^2 + 2ax + b$ がある。この関数
の最大値が 6，最小値が -2 であるとき，定数 a，b の値を定めよ。　〈北星学園大〉

17 場合分けが必要な最大，最小（定義域が動く）

$0 \leqq x \leqq a \ (a>0)$ における 2 次関数 $y=x^2-2x+3$ の最小値を求めよ。　　　　　　　　　　　　　　　　　　　　　　　　　〈愛知工大〉

解　$y=(x-1)^2+2$ と変形。

a の値によって，次のように分類できる。

（ⅰ）　$0<a<1$ のとき　　　（ⅱ）　$a \geqq 1$ のとき

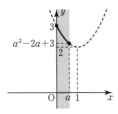 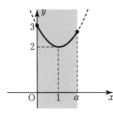

◆定義域 $0 \leqq x \leqq a$ は a の値によって変化するから，グラフの有効な部分も a の値とともに変化する。

◆頂点が入るか，入らないかが場合分けの分岐点になる。

よって，（ⅰ），（ⅱ）より

$0<a<1$ のとき $x=a$ で最小値 a^2-2a+3

$a \geqq 1$ のとき $x=1$ で最小値 2

アドバイス・・

- 例題のように定義域が文字 a で表されているとき定義域は a の値によって変化する。（a が大きくなるにつれて広がる。）
- 定義域が変化すれば，グラフの有効な部分（実線部分）も変化するので，最小値をとる x の値は，a による場合分けが必要になる。
- 2 次関数では，頂点（軸）が定義域に含まれるかどうかが場合分けの第一歩だ！

もうすぐ
ボトム（底）
かな

これで 解決！

2 次関数の最大，最小
場合分けの第一歩は ➡

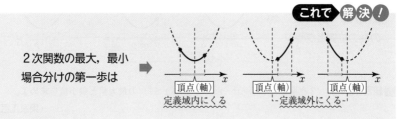

頂点（軸）	頂点（軸）	頂点（軸）
定義域内にくる	----定義域外にくる----	

■**練習17**　関数 $f(x)=x^2-6x+10$ について，$0 \leqq x \leqq a$（a は正の定数）における最小値を求めよ。また，最大値を求めよ。　　　　　　　　　　　　　　〈岡山理科大〉

■ **Challenge**

$-1 \leqq x \leqq a \ (a>-1)$ における関数 $f(x)=-x^2+2x+2$ の最大値を求めよ。また，最小値を求めよ。　　　　　　　　　　　　　　　　　　　　　　〈岡山理科大〉

18 場合分けが必要な最大，最小（グラフが動く）

> 2次関数 $f(x)=-x^2+2ax+1$ の $0\leqq x\leqq 1$ における最大値 M を
> 求めよ。　　　　　　　　　　　　　　　　　　　　　　　〈山形大〉

解　　$y=f(x)=-(x-a)^2+a^2+1$ と変形。
グラフは上に凸で，軸が $x=a$ だから
a の値によって次のように分類される。

←a の値によって，グラフが
動くことを確認する。

(i)　$a<0$ のとき　　　　(ii)　$0\leqq a\leqq 1$ のとき　　　(iii)　$1<a$ のとき

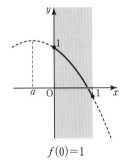

$f(0)=1$

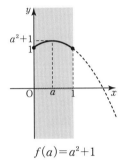

$f(a)=a^2+1$

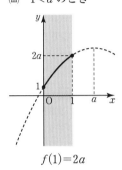

$f(1)=2a$

よって，(i)，(ii)，(iii)より

$a<0$ のとき $x=0$ で $M=1$

$0\leqq a\leqq 1$ のとき $x=a$ で $M=a^2+1$

$1<a$ のとき $x=1$ で $M=2a$

アドバイス

グラフの使われる
ところはどこかな。

- この問題では，定義域は $0\leqq x\leqq 1$ と決まっている
  が，グラフが a の値の変化によって動くことに着
  目しよう。
- 場合分けの第一歩は，グラフの軸 $x=a$ が定義域
  に，(ii)のように含まれるか，(i)，(iii)のように含ま
  れないかで考えるとよい。

これで 解決！

| グラフが動く場合の
2次関数の最大，最小 | ⇒ | 場合分けは，グラフの軸が定義域に
"含まれるか，含まれないか"
"定義域の中央より右か左か" |

練習18　2次関数 $f(x)=x^2-2ax+a^2+1$ の $0\leqq x\leqq 2$ における最小値 m を求めよ。
〈宇都宮大〉

Challenge

上の問題で，$-1\leqq x\leqq 1$ における最大値 M を求めよ。　　　〈京都産大〉

19 2次関数のグラフと判別式

2次関数 $y=x^2+(a-3)x-a+6$ のグラフが x 軸と異なる2点で
交わるならば，$a<$ □ または $a>$ □ である。　　〈大阪電通大〉

解　　$y=x^2+(a-3)x-a+6=0$　として　　　　←x 軸との共有点は $y=0$
判別式をとると　　　　　　　　　　　　　　　　　　　としたときの実数解

$$D=(a-3)^2-4\cdot1\cdot(-a+6)$$
$$=a^2-6a+9+4a-24$$
$$=a^2-2a-15$$

$D>0$ ならばよいから　　　　　　　　　　　　　┌ $D>0$ ……交わる
$D=a^2-2a-15=(a+3)(a-5)>0$　　　　　←┤ $D=0$ ……接する
　　　　　　　　　　　　　　　　　　　　　　　　└ $D<0$ ……共有点はない
よって　$a<-3$ または $a>5$

アドバイス ・・

• 2次関数 $y=ax^2+bx+c$ $(a>0)$
のグラフと x 軸との共有点の個数
は，判別式 $D=b^2-4ac$ の符号で判
断していく。

• グラフの頂点の座標は D を用いて

$$y=a\left(x+\frac{b}{2a}\right)^2-\frac{b^2-4ac}{4a}\ \ \text{より}$$

$$\left(-\frac{b}{2a},\ -\frac{D}{4a}\right)\ \text{となる。}$$

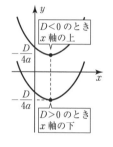

$D>0$のとき
頂点はx軸の
下にあるのか

これで 解決 !

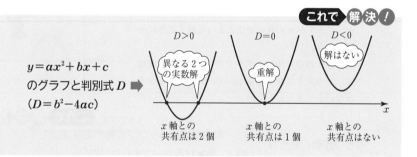

$y=ax^2+bx+c$
のグラフと判別式 D
$(D=b^2-4ac)$

$D>0$　異なる2つの実数解　x軸との共有点は2個

$D=0$　重解　x軸との共有点は1個

$D<0$　解はない　x軸との共有点はない

■**練習19**　2次関数 $y=6x^2+2kx+k$, $y=-x^2+(k-6)x-1$ のグラフが両方とも x 軸と
共有点をもたないのは □ $<k<$ □ のときである。　　〈金沢工大〉

■ **Challenge**

放物線 $y=x^2+ax+b$ が，点 $(2,\ 1)$ を通り x 軸とは共有点をもたないとき，a の
とりうる値の範囲を求めよ。　　〈長崎総合科学大〉

20 すべての x で $ax^2+bx+c>0$ が成り立つ条件

すべての実数 x に対して，$ax^2+2x+a>0$ が成り立つような a の値の範囲を求めよ。　　　　　　　　　　　　　　　〈東京電機大〉

解　x^2 の係数が正かつ $D<0$ ならばよい。

$$a>0 \qquad \cdots\cdots ①$$

$$\frac{D}{4}=1-a^2<0$$

$$(a+1)(a-1)>0$$

$$a<-1,\ 1<a \quad \cdots\cdots ②$$

←$ax^2+2bx+c=0$ のとき
$\dfrac{D}{4}=b^2-ac$ が使えるように。

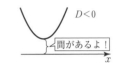

$D<0$

間があるよ！

①，②の共通範囲より

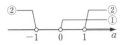

よって，$1<a$

アドバイス

- 2次不等式 $ax^2+bx+c>0$ $(a\neq 0)$ がすべての実数 x で成り立つためには

  $$y=ax^2+bx+c$$

  のグラフを考えたとき，右の図のように x 軸の上側にあればよい。
- そのためにはグラフが下に凸である条件より $a>0$。そして，x 軸と交わらない条件より $D=b^2-4ac<0$ の条件をとる。

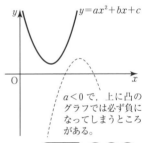

$y=ax^2+bx+c$

$a<0$ で，上に凸のグラフでは必ず負になってしまうところがある。

これで 解決！

すべての実数 x で2次不等式
$ax^2+bx+c>0$
が成り立つ条件は

　➡　$y=ax^2+bx+c$ のグラフを考えて

$$a>0 \quad かつ \quad D=b^2-4ac<0$$

| グラフが下に凸である条件 | グラフが x 軸と交わらない条件 |

P.S　すべての実数 x で …… が成り立つ。　　　　　　　　　⎫
　　　実数 x がどんな値をとっても …… が成り立つ。　　　｝すべて同じ意味である。
　　　任意の実数 x で …… が成り立つ。　　　　　　　　　　⎭

練習20　2次不等式 $x^2+(a-3)x+a>0$ がすべての実数で成り立つように，実数 a の値の範囲を定めよ。　　　　　　　　　　　　　　　　　　　　　　〈岩手大〉

■ Challenge

関数 $y=kx^2+2x+k$ に対して，y の値がつねに負になるような定数 k の値の範囲は ☐ である。　　　　　　　　　　　　　　　　　　　〈神奈川大〉

21 2次方程式（$ax^2+2b'x+c=0$）の解

2次方程式 $5x^2+14x-10=0$ を解け。

解
$$x=\frac{-14\pm\sqrt{14^2-4\cdot5\cdot(-10)}}{2\cdot5}$$
$$=\frac{-14\pm\sqrt{196+200}}{10}=\frac{-14\pm\sqrt{396}}{10}$$
$$=\frac{-14\pm6\sqrt{11}}{10}=\frac{-7\pm3\sqrt{11}}{5}$$

←$5x^2+14x-10=0$
　　　a　　b　　c
$x=\dfrac{-b\pm\sqrt{b^2-4ac}}{2a}$ の公式に
代入した。

別解
$$x=\frac{-7\pm\sqrt{7^2-5\cdot(-10)}}{5}$$
$$=\frac{-7\pm\sqrt{99}}{5}=\frac{-7\pm3\sqrt{11}}{5}$$

←$5x^2+\underset{2\times7}{14}x-10=0$

$ax^2+2b'x+c=0$
$x=\dfrac{-b'\pm\sqrt{b'^2-ac}}{a}$ の公式に
代入した。

アドバイス

- 2次方程式を解くとき，x の係数が 2 の倍数のときは別解の公式を使えるようにしよう。
- 計算量が大幅に少なくミスも減る。2次方程式を解くことは多いので，使える人と使えない人の差は大きい。

$ax^2+2b'x+c=0$ の解

$$x=\frac{-2b'\pm\sqrt{(2b')^2-4ac}}{2a}$$
$$=\frac{-2b'\pm2\sqrt{b'^2-ac}}{2a}$$
$$=\frac{-b'\pm\sqrt{b'^2-ac}}{a}$$

$2b'$でスイスイ♪

これで 解決！

2次方程式
の
解の公式
→

$ax^2+bx+c=0$
$$x=\frac{-b\pm\sqrt{b^2-4ac}}{2a}$$

〔x の係数が 2 の倍数のとき〕
$ax^2+2b'x+c=0$
$$x=\frac{-b'\pm\sqrt{b'^2-ac}}{a}$$

練習21 次の2次方程式を解け。

(1) $x^2-4x+2=0$ 〈中央大〉　(2) $2x^2-6x-3=0$ 〈東海大〉

(3) $2(x^2-3x-5)=-4x^2+6x+5$ 〈徳島文理大〉

Challenge

k を定数とし，放物線 $y=2x^2+2kx+k^2-1$ を c とする。c と x 軸が異なる2個の共有点をもつとき，共有点の距離は □ である。 〈神奈川工科大〉

22　2次方程式と判別式

2次方程式 $x^2-kx+3k=0$ の実数解の個数を調べよ。ただし，k は定数とする。 〈千葉大〉

解

$x^2-kx+3k=0$ の判別式を D とすると

$$D=(-k)^2-4\cdot3k=k(k-12)$$

$D>0$ すなわち　$k<0$，$12<k$ のとき

異なる2つの実数解をもつから　**2個**

$D=0$ すなわち　$k=0$，12 のとき

重解をもつから実数解は　**1個**

$D<0$ すなわち　$0<k<12$ のとき

実数解をもたないから　**0個**

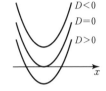

←$y=x^2-kx+3k$ のグラフと判別式の関係。

$D<0$
$D=0$
$D>0$

アドバイス

• 解の公式 $x=\dfrac{-b\pm\sqrt{b^2-4ac}}{2a}$ のルートの中の b^2-4ac を判別式といい D で表す。

• 判別式は $ax^2+bx+c=0$ を満たす実数 x（これを実数解という）があるかないかを調べる式で，2次関数のグラフと x 軸の関係など高校数学ではいたるところで使われる。

$ax^2+2b'x+c=0$

x の係数が2の倍数のとき

$$D=(2b')^2-4ac$$
$$=4(b'^2-ac)$$
$$\dfrac{D}{4}=b'^2-ac$$

これで　解決！

$ax^2+bx+c=0$ において，$D=b^2-4ac$ を判別式という

$D>0$ のとき　異なる2つの実数解
$D=0$ のとき　重解 $\Big\}$ 実数解
$D<0$ のとき　実数解はない ……… 虚数解（数Ⅱ）

P S　$\dfrac{D}{4}=b'^2-ac$ も計算が楽になるから，積極的に使うことを勧める。

練習22　(1)　x についての2次方程式 $x^2-2kx+3k-2=0$ が相異なる2つの実数解をもつような，定数 k の値の範囲を求めよ。 〈中央大〉

(2)　2次方程式 $x^2-4mx+m+3=0$ が重解をもつとき，m の値を求めよ。 〈岩手大〉

Challenge

x に関する2次方程式 $ax^2+(2k+1)x+k=0$　$(a\neq0)$　が実数解をもつ条件は $\boxed{}k^2+\boxed{}(1-a)k+\boxed{}\geq0$ であり，任意の実数 k に対して実数解をもつためのの a の値の範囲は $\boxed{}<a\leq\boxed{}$ である。 〈兵庫県立大〉

23 ２次方程式の共通な解

x についての方程式
$$x^2+kx-12=0 \quad \cdots\cdots① , \quad x^2+4x-3k=0 \quad \cdots\cdots②$$
がただ１つの共通な解をもつとき，定数 k の値を求めよ。

〈関東学院大〉

解 共通な解を α として，①，②に代入する。

$$\alpha^2+k\alpha-12=0 \quad \cdots\cdots①'$$
$$\alpha^2+4\alpha-3k=0 \quad \cdots\cdots②' \quad \text{とすると}$$

←$x=\alpha$ を①，②に代入して α と k の連立方程式と考える。

①$'$−②$'$ より

$$k\alpha-4\alpha-12+3k=0$$
$$(k-4)\alpha+3(k-4)=0$$
$$(k-4)(\alpha+3)=0$$

←α^2 を消去した。

これより $k=4$ または $\alpha=-3$

$k=4$ のとき

①，②はどちらも $x^2+4x-12=0$ となり，
共通な解は２個となり不適。

←$k=4$ のときと $\alpha=-3$ のときを分けて①$'$，②$'$ に代入する。

$\alpha=-3$ のとき①$'$ に代入して

$$9-3k-12=0 \quad \text{より} \quad k=-1 \quad \text{このとき}$$

①は $x^2-x-12=0$ より $(x-4)(x+3)=0$

②は $x^2+4x+3=0$ より $(x+1)(x+3)=0$

←①の解は $x=4,\ -3$
②の解は $x=-1,\ -3$
実際に解を求めると２つの解が明らかになる。

となり $x=-3$ を共通な解にもつから適する。

よって，**$k=-1$**

アドバイス ・・・

- ２次方程式の共通な解の問題では，共通な解を $x=\alpha$ とおいて，２つの方程式に代入する。その２つの方程式を連立方程式とみて，解を求める。
- ただし，共通な解を１つもつときと２つもつときがあるから，解答のように実際に方程式を解いて解を求めてしまうと迷いがない。

これで 解決！

共通な解の問題 ➡ ・共通な解を $x=\alpha$ とおいて方程式に代入
・連立方程式として解く

練習23 定数 a は実数とする。２つの方程式

$$\begin{cases} x^2+2x+k=0 & \cdots\cdots① \\ -x^2+kx+2=0 & \cdots\cdots② \end{cases}$$

を同時に満たす x があるとき，k の値を求めよ。

〈広島工大〉

24 1次不等式

次の不等式を解け。
(1) $5(3x-6)>9(2x-5)$
(2) $2x-1<-x+5<4x+10$ 〈徳島文理大〉

解
(1) $5(3x-6)>9(2x-5)$
$15x-30>18x-45$
$-3x>-15$
よって，$x<5$

←両辺を -3 で割っているから
不等号の向きが反対になる。

(2) $2x-1<-x+5$ ……①
$-x+5<4x+10$ ……② として

←連立方程式として表す。

①より $3x<6$ よって，$x<2$ ……③
②より $-5x<5$ よって，$x>-1$ ……④
③，④の共通範囲だから
$-1<x<2$

←共通範囲は数直線で示すと
明らかになる。

アドバイス

• 不等式を解く場合の式変形は方程式と同様にすればよい。ただし，負の数で割ったり，掛けたりしたときは不等号の向きが反対になる事に注意する。
• $A<B<C$ のような式は $A<B$ かつ $B<C$ の連立不等式として考える。$A<B$ かつ $A<C$ とするのは誤りだから気をつけよう。

これで 解決！

不等式と計算 ➡ ・負の数で割る（掛ける）と不等号の向きが変わる
・$A<B<C$ の式は $A<B$ かつ $B<C$ の連立方程式に

練習24 次の不等式を解け。
(1) $-\dfrac{3}{2}x+\dfrac{10}{3}<\dfrac{-5x+8}{6}$
(2) $3x-5<x+1<2x+3$ 〈東京都市大〉

Challenge
(1) 不等式 $ax+3>2x$ を解け。ただし，a は定数とする。 〈広島工大〉
(2) a，b を定数とする。不等式 $x-2a\leqq 3x+b\leqq x+2$ の解が $4\leqq x\leqq 5$ であるとき，$a=$ ▢，$b=$ ▢ である。 〈金沢工大〉

25 2次不等式の解法

次の2次不等式を解け。

(1) $(x-1)(x-2)>12$ 〈広島文教女子大〉

(2) $x^2-4x-3<0$ 〈西日本工大〉

解

(1) （因数分解で解く）

$x^2-3x+2>12$

$x^2-3x-10>0$

$(x+2)(x-5)>0$

よって，$x<-2,\ 5<x$

(2) （解を求めて解く）

$x^2-4x-3<0$

$x^2-4x-3=0$ の解は

$x=2\pm\sqrt{7}$

よって，$2-\sqrt{7}<x<2+\sqrt{7}$

アドバイス ....

- 2次不等式は(1)のように左辺が因数分解できれば，因数分解で解く。
  因数分解できなければ(2)のように方程式の解を求めてから公式に従って解く。
- しかし，異なる2つの実数解をもたないとき，扱いに手こずることがある。
  例えば $x^2-2x+3>0$ は次のように考える。
  左辺を平方完成して

  $x^2-2x+3=(x-1)^2+2$

  ここで，$(x-1)^2\geqq0$ だから

  $(x-1)^2+2>0$

  よって，$x^2-2x+3>0$ はすべての実数で
  成り立つ。

  これが右に示した解の考え方である。

> **平方完成による不等式の解**
>
> $x^2-2x+3>0$ の解答は
> 次のように簡単でよい。
>
> | $x^2-2x+3=(x-1)^2+2>0$ |
> | よって，すべての実数 |

これで 解 決 !

(i) $ax^2+bx+c=0\ (a>0)$ が
異なる2つの実数解
$\alpha,\ \beta\ (\alpha<\beta)$ をもつとき

$\Rightarrow$

| $ax^2+bx+c>0$ | $ax^2+bx+c<0$ |
| $x<\alpha,\ \beta<x$ | $\alpha<x<\beta$ |

(ii) 実数解をもたない / 重解 のとき $\Rightarrow$ （左辺）$=($ ◯ $)^2+$ ◯ に変形する

（実数）$^2\geqq0$ はよく使う！

平方完成 / 0以上

練習25 次の不等式を解け。

(1) $3x^2+x-14>0$ 〈日本大〉 (2) $x^2-4x+1<0$ 〈北海道医療大〉

(3) $x^2-2x+\dfrac{1}{2}>0$ 〈静岡理工科大〉 (4) $2(x+1)^2>-4x-7$ 〈九州産大〉

Challenge

2次不等式 $x^2+6x-8\leqq0$ を満たす整数 x は □ 個である。これらの整数のうち，2次不等式 $6x^2+7x-5\geqq0$ を満たすものは □ 個である。 〈東海大〉

26 連立不等式

連立不等式 $\begin{cases} x^2-2x-3<0 \\ x^2+3x+1>0 \end{cases}$ を解け。　　　　〈愛知工大〉

解　$x^2-2x-3<0$ の解は

$(x+1)(x-3)<0$ より

$\quad -1<x<3$ ……①

$x^2+3x+1>0$ の解は

$x^2+3x+1=0$ より $x=\dfrac{-3\pm\sqrt{5}}{2}$

よって，$x<\dfrac{-3-\sqrt{5}}{2},\ \dfrac{-3+\sqrt{5}}{2}<x$ ……②

$\leftarrow (x-\alpha)(x-\beta)<0\ (\alpha<\beta)$
$\qquad\qquad \Updownarrow$
$\qquad\quad \alpha<x<\beta$

$\leftarrow (x-\alpha)(x-\beta)>0\ (\alpha<\beta)$
$\qquad\qquad \Updownarrow$
$\qquad\quad x<\alpha,\ \beta<x$

ここから
ここまで！

ここは我輩
のところだ

①，②の共通範囲だから

$\qquad \dfrac{-3+\sqrt{5}}{2}<x<3$

アドバイス ・・

- 連立不等式を解くには，それぞれの不等式を解き，求めた解を数直線上に図示して共通範囲をとればよい。
- ただし，数直線上の大小関係を誤ると，大失敗することになるから分数や無理数の大きさには要注意だ！
  右の無理数の値は，小数第1位までは知っておきたい。

$\sqrt{2}\fallingdotseq 1.414$
$\sqrt{3}\fallingdotseq 1.732$
$\sqrt{5}\fallingdotseq 2.236$
$\sqrt{6}\fallingdotseq 2.449$
$\sqrt{7}\fallingdotseq 2.645$
$\sqrt{10}\fallingdotseq 3.162$

これで 解決！

連立不等式の解 → ・解の範囲を数直線上に必ず図示して考える
　　　　　　　　　　・数直線上の大小関係を間違えるな

練習26 次の連立不等式を解け。

(1) $\begin{cases} x^2-1\geqq 0 \\ x(x+2)<0 \end{cases}$ 　　〈神奈川大〉

(2) $\begin{cases} x^2-x-10<x+5 \\ 2x^2>x+6 \end{cases}$ 　　〈国士舘大〉

Challenge

2つの2次方程式 $x^2+2ax+6a=0$, $x^2-2ax-5a+6=0$ のどちらか一方だけが実数解をもつとき，定数 a の値の範囲を求めよ。　　〈北星学園大〉

27 場合分けが必要な2次不等式

次の2次不等式を解け。ただし，a は定数とする。
$$x^2-(a+2)x+2a<0$$

〈日本文理大〉

解

$x^2-(a+2)x+2a<0$

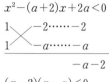

$(x-2)(x-a)<0$

←文字を含む2次不等式は
たいていタスキ掛けで
因数分解できる。

(i) $a>2$ のとき

$\boldsymbol{2<x<a}$

←$(x-2)(x-a)=0$ とした
解 $x=2$ と $x=a$ の大小
関係により解が異なるので
場合分けが必要になる。

(ii) $a<2$ のとき

$\boldsymbol{a<x<2}$

(iii) $a=2$ のとき

$(x-2)^2<0$ となるから

解なし

←$(x-2)^2\geqq0$ なので $(x-2)<0$
の解はない。

アドバイス ●●●

- 文字を含む2次不等式ではまず，因数分解することを考えよう。たいていタスキ掛けで因数分解できる。
- 次に，（与式）＝0 とおいて2つの解を求める。ここで，解に文字を含むときは解の大小により場合分けが必要になる。

これで 解決！

2次不等式
$(x-\alpha)(x-\beta)\lessgtr0$

α と β ではどちらが
大きいかで場合分け

➡

$\alpha<\beta$ のとき	$\beta<\alpha$ のとき
$\alpha<x<\beta$	$\beta<x<\alpha$
$x<\alpha,\ \beta<x$	$x<\beta,\ \alpha<x$

PS 2次不等式の解は，数直線と同様，左側が小さい値，右側が大きな値と覚えよう。

練習27 2次不等式 $2x^2+3ax-2a^2>0$ を解け。ただし，a は定数とする。

〈北海道工大〉

Challenge

x についての2次不等式 $(x-a+2)(x-a-2)\leqq0$ の解が $1\leqq x\leqq b$ となるような定数 $a,\ b$ の値を求めよ。

〈北海学園大〉

28 不等式の整数解の個数

2次不等式 $x^2-(a+1)x+a<0\ (a\neq1)$ の解が整数を 2 個含むように，定数 a の値の範囲を定めよ。 〈岡山理大〉

解

$x^2-(a+1)x+a<0$

$(x-1)(x-a)<0$

←$(x-\alpha)(x-\beta)<0$
$\alpha<\beta$ のとき $\alpha<x<\beta$
$\alpha>\beta$ のとき $\beta<x<\alpha$

(i) $a>1$ のとき，$1<x<a$ だから，下図より

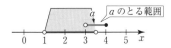

(ii) $a<1$ のとき，$a<x<1$ だから，下図より

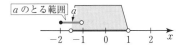

(i)，(ii)より $3<a\leqq4,\ -2\leqq a<-1$

←$a=4$ のとき $1<x<4$ で不等式の解には $x=4$ は含まれない。
$3\leqq a<4$ としてしまうと（＝を入れると）
$1<x<3$ となり $x=2$ だけになってしまう。

アドバイス

• 不等式の解に関する問題の中で，"整数解の個数""解を含む or 含まない"……等，これらはすべて数直線でとらえるのが簡明である。

• たいてい解に文字を含んでいるから，場合分けを予期しておこう。条件に適した不等式にするために，文字の範囲を数直線上で求める。

• このとき，両端の符号に＝が含まれるかどうかは，問題の式に＝がついているかいないかによっても違うので，実際に解を求めて確かめるのがよい。

これで 解決!

解に文字を含む不等式 ➡
・不等式の解の範囲を数直線上で押さえる
・両端について（含むか，含まないか）迷ったら実際に解を求めて確かめよう

練習28 ある実数 a に対して，x に関する 2 つの不等式

$$2x+3>a,\quad \frac{2x+1}{3}>x-2$$

を同時に満たす自然数が 2 個存在するような a の範囲を求めよ。 〈青山学院大〉

Challenge

x の 2 次不等式 $x^2-(a-3)x-3a<0$ を満たす整数 x がちょうど 3 個あるとき，実数 a は $\boxed{}\leqq a<\boxed{}$ または $\boxed{}<a\leqq\boxed{}$ である。 〈西南学院大〉

29 ２次方程式の解とグラフ

２次方程式 $x^2-2ax+3a=0$ が２より大きい異なる２つの実数解をもつように，定数 a の値の範囲を定めよ。　〈富山県立大〉

解　$f(x)=x^2-2ax+3a$　とおくと
$y=f(x)$ のグラフが右のようになればよいから
次の(i)，(ii)，(iii)を満たせばよい。

(i)　$D>0$ だから
$$\frac{D}{4}=(-a)^2-3a=a(a-3)>0$$
$$a<0,\ 3<a\ \cdots\cdots①$$

(ii)　軸が $x=2$ の右にあるから
$$x=a>2\ \cdots\cdots②$$

(iii)　$f(2)$ が正であるから
$$f(2)=4-4a+3a=4-a>0$$
$$a<4\ \cdots\cdots③$$

①，②，③の共通範囲だから $3<a<4$

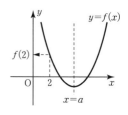

←異なる２つの解は $D>0$
（２つの解は $D\geqq0$）

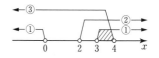

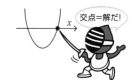

アドバイス

- ２次方程式の解をグラフで考えるのは，グラフが x 軸とどう交わっているのか考えることである。
- それには，次にあげるように，判別式，軸の位置，$f(\alpha)$，$f(\beta)$ の正負を考えることだ。

これで 解決！

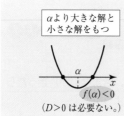
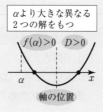
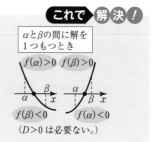

練習29　２次方程式 $x^2-ax-a+8=0$ が，異なる２つの正の実数解をもつように，定数 a の値の範囲を定めよ。　〈奈良教育大〉

Challenge

２次方程式 $x^2-2ax+2a+3=0$ が異なる２つの実数解をもち，その２つの実数解がともに１以上５以下であるように定数 a の値の範囲を定めよ。　〈秋田大〉

30 絶対値を含む方程式・不等式

次の方程式，不等式を解け。

(1) $|3x-4|\leqq 5$ 〈岡山理科大〉

(2) $|x-1|+|x-2|=5$ 〈愛知工大〉

解

(1) $|3x-4|\leqq 5$ より

$-5\leqq 3x-4\leqq 5$ ←$|A|<r\ (r>0) \Longleftrightarrow -r<A<r$

$-1\leqq 3x\leqq 9$ ←-4 を移項した。

よって，$-\dfrac{1}{3}\leqq x\leqq 3$ ←両辺を3で割る。

(2) (i) $x\geqq 2$ のとき ←$|x-1|+|x-2|$ は

$x-1+x-2=5$　　$2x=8$ 　$x=1$，$x=2$ が符号の

$x=4$ $(x\geqq 2$ を満たす$)$ 　変わり目だから

(ii) $1\leqq x<2$ のとき

$x-1-(x-2)=5$

$1=5$　よって，解はない。 上の3つの範囲に場合

(iii) $x<1$ のとき 分けして考える。

$-(x-1)-(x-2)=5,\ -2x=2$

$x=-1$ $(x<1$ を満たす$)$

(i)，(ii)，(iii)より　$x=4,\ -1$

アドバイス

・絶対値記号をはずす場合，(1)のように左辺の式全体が | | でくくられているときは，次の簡便法による方法を使うと速い。

・ただし，(2)のような式では，簡便法は使えないから，10で学んだように場合分けをして絶対値記号をはずさなければならない。

絶対値記号のはずし方 （簡便法） ➡

$|A|=r \Longleftrightarrow A=\pm r$

$|A|>r \Longleftrightarrow A<-r,\ r<A$

$|A|<r \Longleftrightarrow -r<A<r\ (r>0)$

練習30 次の不等式，方程式を解け。

(1) $|3-2x|<1$ 〈岡山理科大〉 (2) $|5x-1|+|x-1|=2$ 〈千葉工大〉

Challenge

次の方程式，不等式を解け。

(1) $|3x-5|<2x+1$ 〈神奈川大〉 (2) $(|x|+1)(|x-2|+1)=4$ 〈甲南大〉

31 不等式で表された集合の関係

$A=\{x|x<1\}$, $B=\{x|x<-1,\ 3\leqq x\}$, $C=\{x|x\leqq2,\ 5<x\}$, このとき, 次を求めよ。

(1) $D=\overline{A}\cap B$ (2) $\overline{C\cup D}$ 〈東北福祉大〉

解

(1) $\overline{A}$, B を数直線上に図示すると右図のようになる。

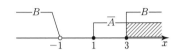

よって, $D=\overline{A}\cap B=\{x|x\geqq3\}$

(2) $C\cup D$ を数直線上に図示すると

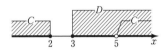

$C\cup D=\{x|x\leqq2,\ 3\leqq x\}$

$\overline{C\cup D}$ は $C\cup D$ の補集合だから

よって, $\overline{C\cup D}=\{x|2<x<3\}$

別解 ド・モルガンの法則より

$\overline{C\cup D}=\overline{C}\cap\overline{D}$ だから

$\overline{C}=\{x|2<x\leqq5\}$

$\overline{D}=\{x|x<3\}$

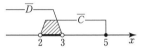

よって, $\overline{C\cup D}=\{x|2<x<3\}$

アドバイス

- 不等式で表された集合の関係の問題では, 集合の範囲を数直線上に図示して, 視覚化するのがわかり易い。
- それから, 両端の不等号に等号が入るか入らないか, よく考えることだ。例えば

  $A=\{x|x<1\}$ のとき, ウッカリ $\overline{A}=\{x|x>1\}$ とする

  誤りをよく見かける。両端の $=$ には神経を使おう。 ← $=$ を忘れてる

これで 解決！

| 不等式で表された 集合の関係 | → | ・数直線上に図示して考える ・両端の等号（＝）は要注意！ |

練習31 $A=\{x|0<x<6\}$, $B=\{x|x<-2,\ 2<x\}$, $C=\overline{A}\cup\overline{B}$ とするとき, C および $A\cap C$ を求めよ。 〈奈良大〉

Challenge

実数全体の集合を全体集合として,

$A=\{x|-1\leqq x<5\}$, $B=\{x|-3<x\leqq4\}$, $C=\overline{A}\cup\overline{B}$ とするとき, $A\cap C$, $A\cup\overline{C}$ を求めよ。 〈東京経大〉

32 不等式で表された集合の包含関係

$A=\{x\,|\,|x|<3\}$, $B=\{x\,|\,|x-a|<4\}$ とする。

$A\cap B=A$ となるための a に関する条件を求めよ。　〈徳島文理大〉

解 A は $|x|<3$ より

$\qquad -3<x<3$ $\qquad\qquad$ ← $|p|<r\Longleftrightarrow -r<p<r$

B は $|x-a|<4$ より

$\qquad -4<x-a<4$

ゆえに $\quad a-4<x<a+4$

$A\cap B=A$ となるには $A\subset B$ である。 ←

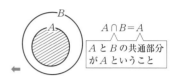

$A\cap B=A$

A と B の共通部分が A ということ

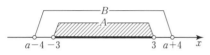

上図より

$\qquad a-4\leqq -3$ かつ $3\leqq a+4$ $\quad$ ← $a=1$ のとき

$\qquad a\leqq 1$, $-1\leqq a$ $\qquad\qquad$ $B=\{x\,|-3<x<5\}$

よって，$-1\leqq a\leqq 1$ $\qquad\qquad$ $a=-1$ のとき

$\qquad\qquad\qquad\qquad\qquad\qquad\qquad$ $B=\{x\,|-5<x<3\}$

$\qquad\qquad\qquad\qquad\qquad\qquad\qquad$ で $A\subset B$ となる。

$a=1,-1$ は ギリギリセーフ！

アドバイス ·····································

- 不等式の解の範囲が，集合の包含関係に関連して出題されることが多い。このとき，次のような表現の意味が理解できないと困る。

  $A\subset B$：A の解はすべて B に含まれる。

  $A\cap B=\varnothing$：A と B の共通の範囲（解）がない。

  $A\cup B=\{$すべての実数$\}$：数直線上のすべての点は，A または B に含まれる。

これで 解 決 ！

連立不等式と
集合の包含関係
➡
・基本は数直線で考える
・両端の等号は，セーフかアウトか実際に確認

練習32 $A=\{x\,|\,0<x<1\}$, $B=\{x\,|\,|x-a|<1\}$ とする。

(1) $A\subset B$ となる a の値の範囲を求めよ。

(2) $A\cap B\neq\varnothing$ となるような a の値の範囲を求めよ。 〈神奈川大〉

Challenge

$a>0$ とする。2次不等式 $x^2-3ax+2a^2\leqq 0$ の解の集合を A, $x^2+x-2\geqq 0$ の解の集合を B とする。次を満たすように定数 a の値の範囲を定めよ。

(1) $A\cap B=\varnothing$ $\qquad\qquad\qquad$ (2) $\overline{A}\cup B=\{$実数全体$\}$ 〈島根大〉

33 集合の要素の個数

100 以下の自然数で，2 でも 3 でも割り切れない数の個数はいくつ
あるか。　　　　　　　　　　　　　　　　　　　　　　〈湘南工大〉

解　$A=\{2 \text{ の倍数}\}$，$B=\{3 \text{ の倍数}\}$ とすると　　←2で割り切れる＝2の倍数
　　　　　　　　　　　　　　　　　　　　　　　　　　　　3で割り切れる＝3の倍数
$100\div 2=50$　より　$n(A)=50$

$100\div 3=33$ あまり 1 より　$n(B)=33$

$A\cap B$ は 6 の倍数の集合なので　　←2でも3でも割り切れる数は6の倍数

$100\div 6=16$ あまり 4 より　$n(A\cap B)=16$

$n(\overline{A}\cap \overline{B})=n(\overline{A\cup B})$　　　　←$\overline{A}\cap\overline{B}=\{2 \text{ かつ } 3 \text{ の倍数でない}\}$
　　　　　　　$=n(U)-n(A\cup B)$　←補集合の考え

ここで，$n(U)=100$

　$n(A\cup B)=n(A)+n(B)-n(A\cap B)$
　　　　　　$=50+33-16=67$

よって，$n(\overline{A}\cap \overline{B})=100-67=\mathbf{33}$

ド・モルガンの法則

アドバイス・・

- 自然数の倍数など，集合の要素の個数を数え上
  げるには，ベン図を使ってどの部分の個数を求
  めればよいかを確認してから求めよう。
- そして，基本となる関係式はもちろん次の式だ。

白と黒の
ところを
はっきり
させよー

これで 解決！

集合の要素の個数
$n(A\cup B)=n(A)+n(B)-n(A\cap B)$
$a+b+p=(a+p)+(b+p)-p$

PS

$n(A\cap \overline{B})=n(A)-n(A\cap B)$　$n(\overline{A}\cap B)=n(B)-n(A\cap B)$　$n(A\cup B)-n(A\cap B)$

練習33　1 から 100 までの整数のうち，4 の倍数かつ 6 の倍数である整数は □ 個あ
り，4 の倍数または 6 の倍数である整数は □ 個ある。　　　　　　　　〈金沢工大〉

Challenge

150 以下の自然数のうち，3 の倍数でも 4 の倍数でもないものの個数を求めよ。ま
た，3 の倍数であるが 4 の倍数でないものの個数を求めよ。　　　　　　〈立教大〉

34 「かつ」と「または」，「すべて」と「ある」

次の条件の否定をいえ。

(1) 「$x=0$ または $y=0$」　　　　(2) 「$a>2$ かつ $b\leqq1$」

(3) 「ある x について $f(x)=0$」

(4) 「すべての x について $ax^2+bx+c\geqq0$」　　　　〈(2)大阪薬大〉

解

(1) 「$x=0$ または $y=0$」の否定は

「$x\neq0$ かつ $y\neq0$」

(2) 「$a>2$ かつ $b\leqq1$」の否定は

「$a\leqq2$ または $b>1$」

(3) 「ある x について $f(x)=0$」の否定は

「すべての x について $f(x)\neq0$」

(4) 「すべての x について $ax^2+bx+c\geqq0$」の否定は

「ある x について $ax^2+bx+c<0$」

┌─ 集合では ─┐

$\overline{\underset{\text{または}}{A\cup B}}=\overline{A}\underset{\text{かつ}}{\cap}\overline{B}$

$\overline{\underset{\text{かつ}}{A\cap B}}=\overline{A}\underset{\text{または}}{\cup}\overline{B}$

アドバイス・・

- 数学における条件の意味は，日常使っている言葉と少し違った意味になることがある。
- "p または q" というのは，p か q のどちらかという意味でなく，p でもよいし，q でもよいし，p と q の両方でもよい。
- また，"すべての〜"の否定は"ある〜"であり，逆に"ある〜"の否定は"すべての〜"である。
- "ある"とは，1つあればよいし，"すべて"は例外が1つあってもダメである。

これで **解決！**

p かつ q ⟸ 否定 ⟹ $\overline{p}$ または $\overline{q}$

ある〜について p ⟸ 否定 ⟹ すべての〜について $\overline{p}$

a と b の少なくとも一方は p ⟸ 否定 ⟹ a と b はともに $\overline{p}$

練習34　次の条件の否定をいえ。

(1) 「$a=1$ かつ $b=2$」　　　　〈芝浦工大〉

(2) 「すべての x について $x^2-1>0$」

(3) 「m，n の少なくとも一方は奇数」

Challenge

次の命題の対偶をかけ。

(1) 「$a>0$ かつ $b>0$ ならば $a+b>0$ である」　　　　〈慈恵医大〉

(2) 「$x=1$ または $y=2$ ならば $(x-1)(y-2)=0$ である」　　　　〈杏林大〉

35 必要条件と十分条件

次の条件 p, q に対し，p は q であるための必要，十分，必要十分のどの条件か。ただし，x は実数とする。

(1) $p : x^2 = 1$　　　　　　　　　　$q : x = 1$

(2) $p : x > 1$　　　　　　　　　　　$q : x^2 > 1$

(3) $p : |x| = 1$　　　　　　　　　　$q : x^2 = 1$

(1) p の $x^2 = 1$ は　$x = 1$, -1

$x = -1$ のとき $p \overset{\longrightarrow}{} q$ となる。

$p \rightleftarrows q$ だから　**必要条件**

(2) q の $x^2 > 1$ は　$x < -1$, $1 < x$

p, q の条件を数直線上に図示すると

$p \rightleftarrows q$ だから　**十分条件**

(3) p の $|x| = 1$ は，$x = 1$, -1

q の $x^2 = 1$ は　$x = 1$, -1

$p \rightleftharpoons q$ だから　**必要十分条件**

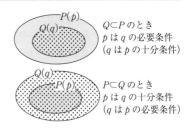

$Q \subset P$ のとき
p は q の必要条件
(q は p の十分条件)

$P \subset Q$ のとき
p は q の十分条件
(q は p の必要条件)

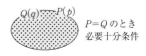

$P = Q$ のとき
必要十分条件

アドバイス

・2つの条件 p, q について，どのような場合に必要条件になるか，十分条件になるかは，次のように考えるとよい。

　(i)　与えられた条件 p, q がどのようなことをいっているのかを具体的に求める。

　(ii)　p, q を集合でとらえ包含関係を調べる。

・包含関係がわかれば，次の考え方で何条件かがわかる。

これで 解決 !

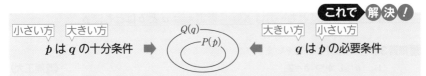

小さい方　大きい方
p は q の十分条件 ➡　$Q(q)$　$P(p)$　⬅ 大きい方　小さい方
q は p の必要条件

練習35　次の条件 p, q に対し，p は q であるための必要条件，十分条件，必要十分条件，必要条件でも十分条件でもない　のいずれであるか答えよ。

(1) $p : x > 1$　　$q : x^2 + 2x - 3 > 0$　　(2) $p : |x| > 1$　　$q : x < -1$

(3) $p : -\sqrt{3} < x < \sqrt{3}$　　$q : x^2 < 3$　　(4) $p : a^2 > b^2$　　$q : a > b$　〈東海大〉

Challenge

(1) ab が整数であることは，a, b が整数であるための □ 条件である。

(2) $\alpha = \beta$ は $\sin\alpha = \sin\beta$ であるための □ 条件である。　〈日本福祉大〉

36 三角比の定義

右の三角形について，次の問いに答えよ。
(1) $\sin\theta$，$\cos\theta$ の値を求めよ。
(2) AB，BC の長さを求めよ。

(1)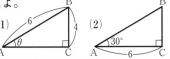

(2)

解

(1) 三平方の定理より

$$AC^2=6^2-4^2=20 \qquad AC=\sqrt{20}=2\sqrt{5}$$

← $c^2=a^2+b^2$

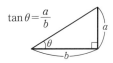

よって，$\sin\theta=\dfrac{4}{6}=\dfrac{2}{3}$，$\cos\theta=\dfrac{2\sqrt{5}}{6}=\dfrac{\sqrt{5}}{3}$

(2) $\cos30°=\dfrac{6}{AB}$ よって，$AB=\dfrac{6}{\cos30°}=6\times\dfrac{2}{\sqrt{3}}=4\sqrt{3}$

← 30° の三角比

$\cos30°=\dfrac{\sqrt{3}}{2}$

$\sin30°=\dfrac{BC}{AB}$ よって，$BC=4\sqrt{3}\cdot\sin30°=4\sqrt{3}\cdot\dfrac{1}{2}=2\sqrt{3}$

$\sin30°=\dfrac{1}{2}$

アドバイス ・・

- 直角三角形の 3 辺の比は，θ の大きさが決まると 1 つに定まる。このとき，$\sin\theta$，$\cos\theta$，$\tan\theta$ を次のように定義した。

$$\sin\theta=\dfrac{a}{c}$$ 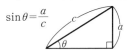 $$\cos\theta=\dfrac{b}{c}$$ 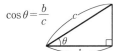 $$\tan\theta=\dfrac{a}{b}$$

- 三角比 (sin，cos，tan) の値は，次の三角定規の三角比が基本になる。

これで 解決!

三角定規の三角比が
すべての基本になる！

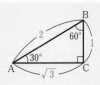

練習36 右の三角形 ABC について，
(1) $\sin\theta$，$\cos\theta$，$\tan\theta$ を求めよ。
(2) BD，AD，$\tan C$ を求めよ。
〈金沢工大〉

(1)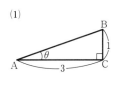

(2)

Challenge

図の △ABC において，AD＝BD，BC＝2 とするとき，次の値を求めよ。
(1) CD の長さ
(2) ∠ABD
(3) AB の長さ
〈徳島文理大〉

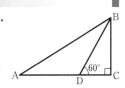

37 三角比の拡張（90°以上の三角比）

sin 150°，cos 150°，tan 150° の値を求めよ。

解

$$\sin 150° = \frac{1}{2}$$

$$\cos 150° = \frac{-\sqrt{3}}{2} = -\frac{\sqrt{3}}{2}$$

$$\tan 150° = \frac{1}{-\sqrt{3}} = -\frac{\sqrt{3}}{3}$$

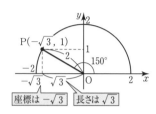

座標は $-\sqrt{3}$　　長さは $\sqrt{3}$

アドバイス

• これまでの三角比は，直角三角形で定義していたが，これだと θ が 90° 以上になると直角三角形がつくれなくなる。そこで，θ が 90° 以上の場合の三角比は，直角三角形を離れて，座標で定義した。

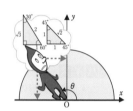

• $0° < \theta < 90°$ までの三角比と θ が $90° \leqq \theta \leqq 180°$ までの三角比との違いは次のように示される。ここでも，座標を考えるのに，三角定規の三角比が基本になっている。

これで 解決！

三角比の定義（$0° \leqq \theta \leqq 180°$）　　x, y は辺の長さでなく座標である。

$$\sin \theta = \frac{y}{r}$$

$$\cos \theta = \frac{x}{r}$$

$$\tan \theta = \frac{y}{x}$$

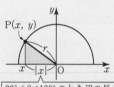

90° < θ < 180° のとき辺の長さは |x|，x 座標は負になる。

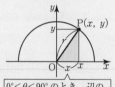

0° < θ < 90° のとき，辺の長さと x 座標は一致する。

PS 特別な三角比は確認しておこう。

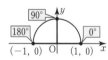

sin 0° = 0	sin 90° = 1	sin 180° = 0
cos 0° = 1	cos 90° = 0	cos 180° = −1
tan 0° = 0	tan 90°（なし）	tan 180° = 0

練習37 次の値を求めよ。

(1) $\sin 120° + \cos 150° + \tan 45°$ 〈岡山商大〉

(2) $\sin 60° \cos 120° + \tan 30° \cos 30°$ 〈久留米工大〉

Challenge

次の値を求めよ。

$$\frac{\sin 150°}{\sin 135° - \tan 30°} - \frac{\cos 60°}{\cos 45° + \tan 150°}$$

〈龍谷大〉

38 三角比の相互関係

$90° \leqq \theta \leqq 180°$ とする。$\sin\theta = \dfrac{2}{3}$ のとき，$\cos\theta = \boxed{}$，

$\tan\theta = \boxed{}$ である。　　　　　　　　　　〈日本歯大〉

解　$\sin^2\theta + \cos^2\theta = 1$ より

$\cos^2\theta = 1 - \sin^2\theta = 1 - \left(\dfrac{2}{3}\right)^2 = \dfrac{5}{9}$

$90° \leqq \theta \leqq 180°$ より　$\cos\theta \leqq 0$

よって，$\cos\theta = -\sqrt{\dfrac{5}{9}} = -\dfrac{\sqrt{5}}{3}$

$\tan\theta = \dfrac{\sin\theta}{\cos\theta} = \dfrac{2}{3} \div \left(-\dfrac{\sqrt{5}}{3}\right)$

$= \dfrac{2}{3} \times \left(-\dfrac{3}{\sqrt{5}}\right) = -\dfrac{2\sqrt{5}}{5}$

別解

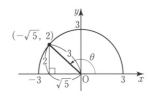

上図より　$\cos\theta < 0$，$\tan\theta < 0$ だから

$\cos\theta = -\dfrac{\sqrt{5}}{3}$，$\tan\theta = -\dfrac{2}{\sqrt{5}} = -\dfrac{2\sqrt{5}}{5}$

アドバイス

• $\sin\theta$，$\cos\theta$，$\tan\theta$ は，どれか 1 つ値がわかればすべて求まる。$\sin^2\theta + \cos^2\theta = 1$ の関係式から求める方法と，図をかいて求める方法があるが，この例題なら図をかいて求める方が速いかもしれない。でも，"三角比の常識" といわれる次の関係式は，今後学ぶ三角関数の式変形に不可欠だから使えるようにしておこう。

これで 解決！

$\sin\theta$，$\cos\theta$，$\tan\theta$ の相互関係

$$\sin^2\theta + \cos^2\theta = 1, \quad 1 + \tan^2\theta = \dfrac{1}{\cos^2\theta}, \quad \tan\theta = \dfrac{\sin\theta}{\cos\theta}, \quad \sin\theta = \cos\theta\tan\theta$$

PS　次のような関係式もときどき使われるから，図を見て確認しておくとよい。

$\sin(90° - \theta) = \cos\theta = \dfrac{b}{c}$ 　　　$\sin(180° - \theta) = \sin\theta = \dfrac{y}{r}$

$\cos(90° - \theta) = \sin\theta = \dfrac{a}{c}$ 　　　$\cos(180° - \theta) = -\cos\theta = -\dfrac{x}{r}$

練習38　$0° \leqq \theta \leqq 180°$ とする。$\cos\theta = -\dfrac{2}{5}$ のとき，$\sin\theta = \boxed{}$，$\tan\theta = \boxed{}$ である。

〈長崎総合科学大〉

Challenge

$\tan\theta = -\dfrac{1}{2}$ のとき，$\sin\theta = \boxed{}$，$\cos\theta = \boxed{}$ である。ただし，$0° \leqq \theta \leqq 180°$ とする。

〈北海道工大〉

39 $\sin\theta+\cos\theta$ と $\sin\theta\cos\theta$

$\sin\theta+\cos\theta=\dfrac{1}{2}$ のとき，次の値を求めよ。

(1) $\sin\theta\cos\theta$ (2) $\sin^3\theta+\cos^3\theta$ 〈京都薬大〉

解 (1) $\sin\theta+\cos\theta=\dfrac{1}{2}$ の両辺を2乗して

$\sin^2\theta+2\sin\theta\cos\theta+\cos^2\theta=\dfrac{1}{4}$

$2\sin\theta\cos\theta=\dfrac{1}{4}-1=-\dfrac{3}{4}$

よって，$\sin\theta\cos\theta=-\dfrac{3}{8}$

← $(x+y)^2=x^2+2xy+y^2$

2乗すると x と y の積 xy が出てくる。

← $\sin^2\theta+\cos^2\theta=1$ はいつでも使えるように。

(2) $\sin^3\theta+\cos^3\theta$

$=(\sin\theta+\cos\theta)(\sin^2\theta-\sin\theta\cos\theta+\cos^2\theta)$

$=\dfrac{1}{2}\cdot\left\{1-\left(-\dfrac{3}{8}\right)\right\}=\dfrac{11}{16}$

←因数分解の公式で。
$x^3+y^3=(x+y)(x^2-xy+y^2)$

別解 $\sin^3\theta+\cos^3\theta$

$=(\sin\theta+\cos\theta)^3-3\sin\theta\cos\theta(\sin\theta+\cos\theta)$

$=\left(\dfrac{1}{2}\right)^3-3\cdot\left(-\dfrac{3}{8}\right)\cdot\dfrac{1}{2}=\dfrac{11}{16}$

←対称式の変形で。
$x^3+y^3=(x+y)^3-3xy(x+y)$

アドバイス

- $\sin\theta+\cos\theta=a$ の形で条件が与えられたとき，$\sin\theta+\cos\theta$ と $\sin\theta\cos\theta$ の関係は，両辺を2乗すれば得られることを知っておこう。
- $\sin\theta+\cos\theta$ と $\sin\theta\cos\theta$ は $x+y$ と xy の基本対称式との共通点も理解しておくと変形するときに見通しが立てやすい。

寝てる場合か

$\sin\theta=x$，$\cos\theta=y$ とすると
$\sin\theta+\cos\theta=x+y=\bigcirc$
$\sin\theta\cos\theta=xy=\square$
$\sin^2\theta+\cos^2\theta=x^2+y^2=1$

これで解決！

$\sin\theta\pm\cos\theta=a$ のとき，$\sin\theta\cos\theta$ は両辺を2乗して求める

$\sin^2\theta+2\sin\theta\cos\theta+\cos^2\theta=a^2$ ➡ $\sin\theta\cos\theta=\dfrac{a^2-1}{2}$

PS $\sin\theta-\cos\theta=a$ のときも両辺を2乗して，$\sin\theta\cos\theta$ を求める。

練習39 $\sin\theta+\cos\theta=\dfrac{1}{\sqrt{5}}$ のとき，$\sin\theta\cos\theta=\boxed{}$，$\tan\theta+\dfrac{1}{\tan\theta}=\boxed{}$，

$\sin^3\theta+\cos^3\theta=\boxed{}$ である。 〈東京薬大〉

Challenge

$0°\leqq\theta\leqq180°$ で $\sin\theta-\cos\theta=\dfrac{1}{2}$ のとき，$\sin\theta\cos\theta=\boxed{}$，

$\sin\theta+\cos\theta=\boxed{}$ 〈駒澤大〉

40 三角方程式・不等式

$0°\leqq\theta\leqq180°$ のとき，次の式を満たす θ の値，または範囲を求めよ。

(1)　$\sin\theta=\dfrac{1}{\sqrt{2}}$　　　　(2)　$\cos\theta<\dfrac{1}{2}$　　　　(3)　$\tan\theta<\sqrt{3}$

解

(1)　右図より
$\theta=45°,\ 135°$

(3)　右図より
$0°\leqq\theta<60°,$
$90°<\theta\leqq180°$

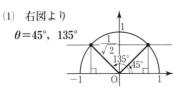

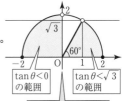

tan90° は定義
されない。
tan はここで
ギャップができる。

(2)　右図より
$60°<\theta\leqq180°$

まず $\cos\theta=\dfrac{1}{2}$
となる θ を求める。

アドバイス

・三角比を満たす θ を求めるには，下の三角定規の
辺の比と角を思い出すこと。使われる角はこれし
かない。

・不等式では，不等号 $>$，$<$ を $=$ と見て，まず境
界を見つける。それから，角を動かして θ の範囲
を求めていくとよい。

これで 解決！

三角方程式・不等式
使われる角は次の角 → $0°,\ 30°,\ 45°,\ 60°,\ 90°$
$120°,\ 135°,\ 150°,\ 180°$

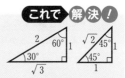

PS $\tan\theta$ は $\theta=90°$ で定義されず，そこで分断されて
いて，90° の手前でものすごく大きくなり（$\to\infty$），
90° の向こうでものすごく小さくなる（$\to-\infty$）。

練習40　次の式を満たす θ の値，または範囲を求めよ。ただし，$0°\leqq\theta\leqq180°$ とする。

(1)　$2\cos\theta+1=0$　　　　〈中央大〉　(2)　$\cos\theta<-\dfrac{\sqrt{3}}{2}$　　　　〈愛知工科大〉

(3)　$\sin(\theta-45°)=\dfrac{1}{2}$　　　　〈南山大〉　(4)　$\sqrt{3}\tan\theta+1<0$　　　　〈工学院大〉

Challenge

$2\sin^2\theta-\cos\theta-1=0$ $(0°\leqq\theta\leqq180°)$ を満たす θ を求めよ。　　　　〈北里大〉

41 $\sin\theta$, $\cos\theta$ で表された関数

$0°≦\theta≦180°$ のとき, $y=2-\cos\theta-\sin^2\theta$ の最大値と最小値を求めよ。また, そのときの θ の値を求めよ。 〈龍谷大〉

解

$y=2-\cos\theta-\sin^2\theta$

$\quad=2-\cos\theta-(1-\cos^2\theta)$

$\quad=\cos^2\theta-\cos\theta+1$

← $\sin^2\theta+\cos^2\theta=1$ を利用して, $\cos\theta$ に統一。

$\cos\theta=t$ とおくと

$0°≦\theta≦180°$ だから $-1≦t≦1$

← t と置き換えたとき 定義域を押さえる。

$\quad y=t^2-t+1 \quad (-1≦t≦1)$

$\quad\quad=\left(t-\dfrac{1}{2}\right)^2+\dfrac{3}{4}$

右のグラフより

$t=-1$ すなわち $\cos\theta=-1$ より

$\quad \boldsymbol{\theta=180°}$ のとき 最大値 3

$t=\dfrac{1}{2}$ すなわち $\cos\theta=\dfrac{1}{2}$ より

$\quad \boldsymbol{\theta=60°}$ のとき 最小値 $\dfrac{3}{4}$

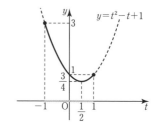

アドバイス

- $\sin\theta$, $\cos\theta$ で表された関数の最大, 最小は
  $\quad \sin\theta=t$ または $\cos\theta=t$ とおいて,
  t の関数で考えることが多い。
- このとき, t のとりうる値の範囲が定義域になるので, しっかり押さえることが大切になる。

これで 解決!

$\sin\theta$ や $\cos\theta$ で 表された関数 の最大・最小	➡	・$\sin^2\theta+\cos^2\theta$ を利用して $\sin\theta$ か $\cos\theta$ に統一する ・$\sin\theta=t$ または $\cos\theta=t$ とおいて $y=f(t)$ ← t の関数で考える ・t のとりうる値の範囲をしっかり押さえる

練習41 $0°≦x≦180°$ のとき, $\boxed{}≦\sin x≦\boxed{}$ である。このとき, $y=\cos^2x+2\sin x+1$ の最大値は $\boxed{}$, 最小値は $\boxed{}$ である。 〈西日本工大〉

Challenge

$y=\cos\theta+\sin^2\theta$ $(0°≦\theta≦180°)$ は $\theta=\boxed{}$ のとき最大値 $\boxed{}$ をとり, $\theta=\boxed{}$ のとき最小値 $\boxed{}$ をとる。 〈北海学園大〉

42 正弦定理

> △ABC において，BC＝12，∠B＝60°，∠C＝75° のとき，
> AC＝□，外接円の半径は□である。　　　　　　〈北海道工大〉

解

$A = 180° - (B + C) = 180° - (60° + 75°) = 45°$

←三角形の内角の和
$A + B + C = 180°$

$$\frac{12}{\sin 45°} = \frac{AC}{\sin 60°}$$

←正弦定理にあてはめる。

よって，$AC = \dfrac{12}{\sin 45°} \times \sin 60°$

$$= 12 \times \frac{2}{\sqrt{2}} \times \frac{\sqrt{3}}{2} = 6\sqrt{6}$$

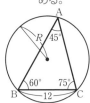

外接円の半径 R は　$\dfrac{12}{\sin 45°} = 2R$　より

$$R = 12 \times \frac{2}{\sqrt{2}} \times \frac{1}{2} = 6\sqrt{2}$$

アドバイス ....

- 正弦定理は三角形の対応する辺と角の関係だから，次の要領で辺と角が求まる。

  1 辺と 2 角がわかっているとき ⸱⸱⸱⸱▶ 対応する角

  2 辺と 1 角がわかっているとき ⸱⸱⸱⸱▶ 対応する辺

- 外接円が出てくる定理は正弦定理しかないので，外接円ときたら正弦定理を思い出す。

これで　解決！

正弦定理 ➡

$$\frac{a}{\sin A} = \frac{b}{\sin B} = \frac{c}{\sin C} = 2R \quad (1 辺と 2 つの角)$$

$(R は △ABC の外接円の半径)$

$\sin A : \sin B : \sin C = a : b : c$

も成り立つ

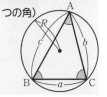

P⊙ 三角形の辺や角を求めるのに，使われる定理は "正弦" か "余弦" の 2 つしかないのだから，迷ったら両方の定理をあてはめて考えてみよう。

練習42 (1) △ABC において，AC＝5，∠A＝105°，∠B＝45° のとき，AB＝□ である。また，外接円の半径は□である。　　　　　　〈東京歯大〉

(2) AB＝$\sqrt{2}$，AC＝2，∠B＝60° となる △ABC がある。このとき $\cos C$ の値を求めよ。　　　　　　〈追手門学院大〉

Challenge

△ABC において，$\sin A : \sin B : \sin C = 5 : 6 : 7$ とする。A，B，C のうち最小の角を θ とするとき，$\cos \theta = $□ である。　　　　　　〈玉川大〉

43 余弦定理

(1) △ABC において，AB＝5，AC＝3，∠A＝120° のとき，
BC＝□ である。 〈東北工大〉

(2) △ABC において，AB＝7，BC＝5，CA＝6 であるとき，
$\sin A=$□ である。 〈東北学院大〉

解

(1) $BC^2=3^2+5^2-2\cdot3\cdot5\cdot\cos120°$

$\qquad =9+25-2\cdot3\cdot5\cdot\left(-\dfrac{1}{2}\right)=49$

BC＞0 より，$BC=\sqrt{49}=7$

←余弦定理にあてはめる。

(2) $\cos A=\dfrac{6^2+7^2-5^2}{2\cdot6\cdot7}=\dfrac{60}{2\cdot6\cdot7}=\dfrac{5}{7}$

$\sin A>0$ だから

$\sin A=\sqrt{1-\cos^2A}=\sqrt{1-\left(\dfrac{5}{7}\right)^2}$

$\qquad =\sqrt{\dfrac{24}{49}}=\dfrac{2\sqrt{6}}{7}$

←まず，$\cos A$ の値を求める。

←$\sin^2A+\cos^2A=1$ の関係式を利用。

アドバイス

● 三角形の辺や角を求めるのに使われる余弦定理は，およそ次の値を求めるときに使うと考えてよいだろう。

$\quad$2辺と1つの角がわかっているとき ‥‥▶ 残りの辺

$\quad$3辺がわかっているとき ‥‥▶ $\cos A$，$\cos B$，$\cos C$

これで解決！
（2辺と1つの角）

$$a^2=b^2+c^2-2bc\cos A$$

余弦定理 ➡ $$\cos A=\dfrac{b^2+c^2-a^2}{2bc}$$

PS $\cos A$ を求めた後，$\sin A$ の値を求めさせるのはこの分野の定番だ。

■練習43 (1) △ABC において，AB＝4，AC＝7，∠A＝60° のとき，BC＝□ である。
〈東海大〉

(2) △ABC で，AB＝8，BC＝7，CA＝3 のとき，∠A＝□ である。また，B から辺 CA の延長に下ろした垂線の長さは□ である。 〈日本大〉

■ Challenge

△ABC において，$b=2$，$c=2\sqrt{3}$，∠B＝30° とする。このとき $a=$□ または $a=$□ である。 〈岐阜経済大〉

44 三角形の面積

△ABC において，$a=7$，$b=5$，$c=3$ のとき，次の問いに答えよ。

(1) $\cos A$ の値を求めよ。　　(2) △ABC の面積を求めよ。

〈九州産大〉

解

(1) $\cos A=\dfrac{5^2+3^2-7^2}{2\cdot5\cdot3}=\dfrac{-15}{2\cdot5\cdot3}=-\dfrac{1}{2}$

←$\cos A=\dfrac{b^2+c^2-a^2}{2bc}$

(2) $\sin A>0$ だから

$\sin A=\sqrt{1-\cos^2 A}=\sqrt{1-\left(-\dfrac{1}{2}\right)^2}=\dfrac{\sqrt{3}}{2}$

よって，△ABC$=\dfrac{1}{2}\cdot5\cdot3\cdot\dfrac{\sqrt{3}}{2}=\dfrac{15\sqrt{3}}{4}$

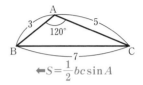

←$S=\dfrac{1}{2}bc\sin A$

別解 $\cos A=-\dfrac{1}{2}$ より $A=120°$

$\sin 120°=\dfrac{\sqrt{3}}{2}$ としてもよい。

アドバイス

• 底辺が x，高さが h の三角形の面積は，$S=\dfrac{1}{2}xh$

右の図で，$h=y\sin\theta$ だから $S=\dfrac{1}{2}xy\sin\theta$

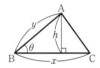

• 問題の中でストレートに $\sin\theta$ の値が求められることは

少なく，たいてい $\cos\theta$ を求めてから $\sin\theta$ を出す流れになっている。

これで 解決！

三角形の面積 ➡ （余弦定理で）$\cos\theta$ を求め

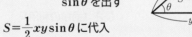 $\boxed{\sin^2\theta+\cos^2\theta=1}$

$\sin\theta$ を出す

$S=\dfrac{1}{2}xy\sin\theta$ に代入

PS 例題の三角形のような 3 辺が 1 桁の整数

でよく出題されるのは，右の三角形で，

ごろ合わせでも有名である。

悩みは　名古屋の　七五三
783　　758　　753

練習44 △ABC において，$a=5$，$b=4$，$c=6$ のとき

(1) $\cos C$ の値を求めよ。　　(2) △ABC の面積を求めよ。〈広島女子大〉

Challenge

△ABC において，AB=8，BC=13，∠BAC=120° とする。このとき，AC= □ ，△ABC の面積は □ ，△ABC の内接円の半径は □ である。〈摂南大〉

45 △ABC で ∠A の２等分線の長さ／対辺の比

> △ABC において，AB=2，AC=4，∠A=120°，∠A の２等分線と
> BC の交点を D とする。このとき，次の問いに答えよ。
> (1) AD の長さ　　　　　　　(2) BD の長さ

解 (1) 三角形の面積を考えると

$△ABC＝△ABD＋△ACD$ だから

$$\frac{1}{2}\cdot2\cdot4\cdot\sin120°=\frac{1}{2}\cdot2\cdot AD\cdot\sin60°+\frac{1}{2}\cdot4\cdot AD\cdot\sin60°$$

$$2\sqrt{3}=\frac{\sqrt{3}}{2}AD+\sqrt{3}\,AD \quad よって，\ AD=\frac{4}{3}$$

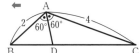

(2) △ABC に余弦定理を適用して

$$BC^2=4^2+2^2-2\cdot4\cdot2\cdot\cos120°$$
$$=16+4+8=28$$

$BC>0$ より，$BC=\sqrt{28}=2\sqrt{7}$

AD は ∠A の２等分線だから

$$BD：DC=AB：AC=2：4$$

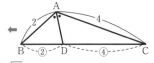

ゆえに，$BD=BC\times\dfrac{2}{2+4}=2\sqrt{7}\cdot\dfrac{1}{3}=\dfrac{2\sqrt{7}}{3}$

アドバイス

- △ABC で，頂角 A の２等分線の長さは，面積が簡単に求まれば面積を利用して求めるのがよい。
- また，頂角 A の２等分線によって，対辺 BC は AB：AC の比に内分される。このことは図形の問題において最頻出重要事項である。

これで 解決！

角の２等分線
の頻出テーマ

長さ（面積の利用）

$△ABC＝△ABD＋△ACD$

対辺の比

$BD：DC=AB：AC$

■**練習45** △ABC において，AB=6，AC=4，∠A=60° とする。∠A の２等分線が BC と交わる点を D とするとき，AD の長さを求めよ。〈大阪教育大〉

■ **Challenge**

　　△ABC は AB=6，AC=4，BD=5 である。∠A の２等分線が BC と交わる点を P とするとき，BP と AP の長さを求めよ。〈学習院大〉

46　円に内接する四角形

円に内接する四角形 ABCD があり，AB＝3，BC＝6，AD＝5，

$\cos A = -\dfrac{1}{3}$ であるとき，BD＝□ であり，CD＝□ である。

〈関東学院大〉

解　△ABD に余弦定理を適用して

$BD^2 = 5^2 + 3^2 - 2 \cdot 5 \cdot 3 \cdot \cos \angle BAD$

$\qquad = 25 + 9 - 30 \cdot \left(-\dfrac{1}{3}\right) = 44$

BD＞0 より，$BD = \sqrt{44} = \mathbf{2\sqrt{11}}$

CD＝x として，△BCD に余弦定理を適用すると

$BD^2 = 6^2 + x^2 - 2 \cdot 6 \cdot x \cdot \cos(180° - A)$

$\cos(180° - A) = -\cos A = -\left(-\dfrac{1}{3}\right) = \dfrac{1}{3}$ だから　←$\cos(180° - \theta) = -\cos\theta$

$44 = 36 + x^2 - 12x \cdot \dfrac{1}{3}$

$\quad x^2 - 4x - 8 = 0$　　　　　　　　　←2次方程式の解の公式

$x > 0$ より　$x = CD = \mathbf{2 + 2\sqrt{3}}$

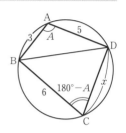

アドバイス

- 円に内接する四角形の問題も頻出のテーマである。
  その中で，"向い合う角の和が 180°" という性質は
  必ず使うといっていい。
- これに関連して $\cos(180° - \theta) = -\cos\theta$ も使うので
  セットで覚えておこう。

これで　解決！

円に内接する四角形　➡　向い合う角の和は 180°
$\cos(180° - \theta) = -\cos\theta$
はよく使う！

PS　向い合う角 θ と $180° - \theta$ に対して余弦定理を使うことがよくある。

練習46　円に内接する四角形 ABCD があり，AB＝2，BC＝3，AD＝1，$\cos B = \dfrac{1}{6}$ であるとき，AC＝□，CD＝□ である。　〈慶応大〉

Challenge

円に内接する四角形 ABCD があり，AB＝5，BC＝1，CD＝4，AD＝4 のとき，$\cos A$ の値と四角形 ABCD の面積 S を求めよ。　〈広島工大〉

47 空間図形の考え方

1辺が2の正四面体において，次の値を求めよ。

(1) ∠AMD＝θ とするとき，$\cos\theta$

(2) AH

〈東京薬大〉

解 (1) △AMD に余弦定理を適用して

$$AD^2＝AM^2＋DM^2－2AM\cdot DM\cos\theta$$

$$2^2＝(\sqrt{3})^2＋(\sqrt{3})^2－2\cdot\sqrt{3}\cdot\sqrt{3}\cdot\cos\theta$$

$$6\cos\theta＝2 \quad よって，\cos\theta＝\frac{1}{3}$$

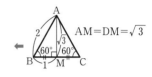
←AM＝DM＝$\sqrt{3}$

(2) $\sin\theta＝\sqrt{1-\left(\frac{1}{3}\right)^2}＝\frac{2\sqrt{2}}{3}$

←$\sin^2\theta+\cos^2\theta=1$

$$AH＝AM\sin\theta＝\sqrt{3}\cdot\frac{2\sqrt{2}}{3}＝\frac{2\sqrt{6}}{3}$$

重心 G は中線 DM を2：1に内分する。

別解 H は △BCD の重心になるから

$$MH＝\frac{1}{3}MD＝\frac{\sqrt{3}}{3}$$

$$AH＝\sqrt{AM^2-MH^2}＝\sqrt{(\sqrt{3})^2-\left(\frac{\sqrt{3}}{3}\right)^2}＝\frac{2\sqrt{6}}{3}$$

←AM²＝AH²＋MH²

アドバイス

- 空間図形は平面の集まりでできているので，空間図形の問題でも，各部分の平面をとらえていくことになる。
- 空間図形のどの平面に視点をおくかが point になる。正四面体は特に出題頻度の高い図形なので，次の性質は知っておこう。

これで 解決！

正四面体の性質	⇒	・面はすべて正三角形である（各辺の長さは等しく，内角は 60°）・頂点から対面に下ろした垂線は対面の重心と交わる

練習47 右の図は，1辺の長さが1の正四面体である。このとき，次の問いに答えよ。ただし，点 Q は線分 AB 上にある。

(1) 線分 AH，OH の長さをそれぞれ求めよ。

(2) 線分 QH の長さを線分 AQ の長さ x を用いて表せ。

Challenge

上の問題で (1) △OQH の面積 S を x を用いて表せ。

(2) △OQH の面積 S の最小値を求めよ。

〈北海学園大〉

48 度数分布と代表値

右の表は，15 人のあるゲームの得点をまとめたものである。次の問いに答えよ。

得点	1	2	3	4	5
人数	2	x	3	y	1

(1) 平均値が 2.8 のとき，x と y の値を求めよ。

(2) 中央値が 3 のとき，x のとりうる値を求めよ。

(3) 最頻値が 4 のとき，y のとりうる値を求めよ。

解

(1) データの数は 15 だから

$$2+x+3+y+1=15 \quad \text{より} \quad x+y=9 \quad \cdots\cdots①$$ ←データの総数を押さえる。

平均値が 2.8 だから

$$\frac{1}{15}(1\times2+2x+3\times3+4y+5\times1)=2.8$$ ←$\bar{x}=\frac{1}{N}(x_1+x_2+\cdots+x_n)$

$$16+2x+4y=42 \quad \text{より} \quad x+2y=13 \quad \cdots\cdots②$$

①，②を解いて　$x=5,\ y=4$

(2) データの数が 15 で，中央値が 3 だから

$$2+x+3\geqq8 \text{ より } x\geqq3,\ 1+y+3\geqq8 \text{ より } y\geqq4$$

←データ数が 15 だから中央値は小さい方からも大きい方からも 8 番目にあるデータである。

①より　$y=9-x\leqq4$　だから　$x\leqq5$

よって，$3\leqq x\leqq5$ より $x=3,\ 4,\ 5$

(3) 最頻値が 4 だから $y\geqq4$ かつ $y>x$ である。

①より　$x=9-y<y$　だから　$y>4.5$

よって，$y=5,\ 6,\ 7,\ 8,\ 9$

アドバイス

代表値には，主に次の 3 つがある。

- 平均値：N 個のデータの総和を N で割った値
- 中央値（メジアン）：データをすべて大きさの順に並べたとき，その中央にくる値。（偶数のときは中央の 2 つの値の平均値。）
- 最頻値（モード）：データの値のうち，最も多くある値。

これで　解決！

代表値に関する問題　➡　・データの総数を式で表す。
・中央値，最頻値はデータ数を不等式で押さえる。

練習48 右の表は，20 人のあるゲームの得点をまとめたものである。次の問いに答えよ。

得点	1	2	3	4	5	6	7
人数	1	3	5	x	4	y	2

(1) 平均値が 4 点であるとき，x と y の値を求めよ。

(2) 中央値が 4.5 点であるとき，x と y の値を求めよ。

Challenge

上の場合で最頻値が 3 点であるとき，x のとりうる値を求めよ。

49 箱ひげ図

右の箱ひげ図は，30人に実施した2つのテストAとBの結果である。次の(1)～(3)は正しいかどうか答えよ。

(1) 四分位範囲が大きいのはA
である。

(2) 40点以下はAの方が多い。

(3) 80点以上はBの方が多い。

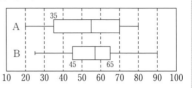

解 (1) Aの四分位範囲は $Q_3 - Q_1 = 70 - 35 = 35$ ←四分位範囲は箱の長さ
Bの四分位範囲は $Q_3 - Q_1 = 65 - 45 = 20$
よって，正しい。

(2) Aは $Q_1 = 35$ だから40点以下は8人以上いる。 ← Q_1 は小さい方から
Bは $Q_1 = 45$ だから40点以下は7人以下である。 8番目
よって，正しい。

(3) Aの最大値の80点は1人とは限らないし，Bの80点以上90点未満の間に1人もいないことも考えられる。
よって，正しいとはいえない。

アドバイス

・箱ひげ図は全体のデータを25％ずつ4つに分けて視覚化したものである。データのおよその分布状態を比較するのに適している。しかし，箱やひげの中でのデータの偏りは，表していないので注意する。

・25％ずつ区分する値を小さい方から Q_1，Q_2，Q_3 とし，$Q_3 - Q_1$（四分位範囲），
$\dfrac{Q_3 - Q_1}{2}$（四分位偏差）の値が大きいほど散らばりの具合が大きいといえる。

これで 解決 !

箱ひげ図 ➡

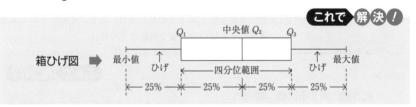

練習49 右の箱ひげ図は50人に実施した2つのテストAとBの結果である。次の(1)～(3)について，正しいかどうか理由をつけて答えよ。

(1) 四分位範囲はAの方が大きい。

(2) 80点以上はBの方が少ない。

(3) 75点以上はAの方が多い。

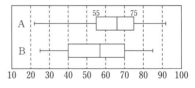

Challenge

上の場合で，20点以上，40点以下はBの方が多いといえるか。

50 平均値・分散と標準偏差

右の表は5人のテストの結果である。
平均値 $\overline{x}$，分散 s^2，標準偏差 s を求めよ。

生徒	A	B	C	D	E
得点	5	8	6	4	7

解　平均値 $\overline{x}=\dfrac{1}{5}(5+8+6+4+7)=\dfrac{30}{5}=\mathbf{6}$（点）　　←平均値＝$\dfrac{データの総和}{データの個数}$

分散 $s^2=\dfrac{1}{5}\{(5-6)^2+(8-6)^2+(6-6)^2+(4-6)^2+(7-6)^2\}$……①　←偏差の2乗の平均値

$\qquad =\dfrac{1}{5}(1+4+4+1)=\mathbf{2}$

別解　$s^2=\dfrac{1}{5}(5^2+8^2+6^2+4^2+7^2)-6^2$……②　　←分散＝(2乗の平均値)−(平均値)²

$\qquad =\dfrac{190}{5}-36=\mathbf{2}$

標準偏差 $s=\sqrt{2}\fallingdotseq\mathbf{1.41}$　　　　←標準偏差＝$\sqrt{分散}$

アドバイス ••

- 平均値，分散または標準偏差は，データの分析では最も大切な指標といえる。平均値は私達が日常使っているので理解できると思う。
- 標準偏差＝$\sqrt{分散}$ は文字通りデータ全体が平均値からどれくらい分散しているかの値で，この値が小さいほどデータは平均値の近くに集中し，大きいほど平均値から散らばっている。
- 分散を求めるには，解の①，別解の②，計算し易い方のどちらを使ってもよい。$\overline{x}$ が整数のときは①の方が速いことがある。

これで 解決！

平均値：$\overline{x}=\dfrac{1}{n}(x_1+x_2+\cdots+x_n)$

分散：$s^2=\dfrac{1}{n}\{(x_1-\overline{x})^2+(x_2-\overline{x})^2+\cdots\cdots+(x_n-\overline{x})^2\}$……①

$\qquad =\dfrac{1}{n}(x_1{}^2+x_2{}^2+\cdots+x_n{}^2)-(\overline{x})^2$……②

標準偏差：$s=\sqrt{s^2}=\sqrt{分散}$

練習50　右の表は，5人のテストの結果である。平均値 $\overline{x}$，分散 s^2，標準偏差 s を求めよ。

生徒	A	B	C	D	E
得点	6	10	4	13	7

Challenge

15個の値からなるデータAがある。そのうち10個の平均値は6，分散は4，残りの5個の平均値は12，分散は7である。このデータAの平均値と分散を求めよ。

〈杏林大〉

51 相関係数

右の表は，5人のテスト x とテスト y の結果である。x と y の平均値と標準偏差は $\overline{x}=6$，$s_x=2$，$\overline{y}=4$，$s_y=\sqrt{2}$ である。このとき，x と y の相関係数を求めよ。

	A	B	C	D	E
x	7	6	9	3	5
y	4	3	6	5	2

〈福岡大〉

解 x と y の共分散 s_{xy} は

$$s_{xy}=\frac{1}{5}\{(7-6)(4-4)+(6-6)(3-4)+(9-6)(6-4)$$
$$+(3-6)(5-4)+(5-6)(2-4)\}$$
$$=\frac{1}{5}(6-3+2)=1$$

← x の平均値　y の平均値
← $(x-\overline{x})(y-\overline{y})$
同じ人の x と y のデータを順番に入れて計算し，その和を求める。

よって，相関係数 r は，

$$r=\frac{s_{xy}}{s_x s_y}=\frac{1}{2\cdot\sqrt{2}}=\frac{\sqrt{2}}{4}\quad(\fallingdotseq0.35)$$

← $\sqrt{2}\fallingdotseq1.41$

アドバイス

- 相関係数は2つの変量 x，y の関係を数値化したものである。その数値化には x，y の標準偏差 s_x，s_y の他に次の s_{xy} で表される共分散という式が加わる。

$$s_{xy}=\frac{1}{n}\{(x_1-\overline{x})(y_1-\overline{y})+(x_2-\overline{x})(y_2-\overline{y})+\cdots\cdots+(x_n-\overline{x})(y_n-\overline{y})\}$$

- 相関係数は次の式で表され，相関係数の値と散布図は次のような傾向になる。

これで 解決！

相関係数 $r=\dfrac{s_{xy}}{s_x s_y}$ ← x と y の共分散：$(x-\overline{x})(y-\overline{y})$ の平均値
← x と y の標準偏差の積

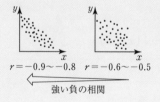
$r=-0.9\sim-0.8$　　$r=-0.6\sim-0.5$
← 強い負の相関 →

$r=0.2\sim0.3$
相関が弱い

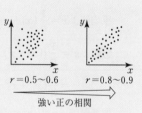
$r=0.5\sim0.6$　　$r=0.8\sim0.9$
← 強い正の相関 →

練習51 2つの変量 x，y のデータが，5個の x，y の値の組として右のように与えられている。x と y の共分散を求めよ。

〈信州大〉

x	12	14	11	8	10
y	11	12	14	10	8

Challenge

上の場合で，x と y の相関係数を求めよ。

〈信州大〉

52 仮説検定の考え方

　　ある製品を製造するのに，A 社の機械は 1000 個あたり，不良品の個数の平均値が 10 個，標準偏差が 1.6 個であった。この度，B 社の新型機械で製造したところ，1000 個あたりの不良品が 5 個であった。このとき，A 社の機械より B 社の機械の方が優れているといえるだろうか。棄却域を「不良品の個数が平均値から標準偏差の 2 倍以上離れた値となること」として，仮説検定を用いて判断せよ。

解　検証したいことは

　　　「A 社の機械より B 社の機械の方が優れている」

かどうかだから

　　　「B 社の方が優れているとはいえない」と仮説を立てる。

棄却域は不良品の個数が

「平均値から標準偏差の 2 倍以上離れた値になること」だから

　　　$10-2\times1.6=6.8$　←棄却域を求める。

これより棄却域は 6 個以下だから仮説は棄却される。　←不良品は 5 個だから
よって，**B 社の機械の方が優れているといえる。**　　　棄却域に含まれる。

アドバイス ···

▼**仮説検定の考え方**◢

• 検証したいことの反対の事柄を仮説にする。
• 立てた仮説が「めったに起こらないこと」なのか，そうでないかで仮説を棄却するか，しないかを判断する。
• めったに起こるか起こらないかの判断は，平均値から標準偏差の 2 倍以上離れた値，または，起こる確率が 5 % 未満のときとすることが多い。

これで▶解決！

仮説検定の考え方 ➡	・検証したいことの反対を仮説とする
仮説が棄却される 一般的な条件 ➡	・（平均値）±2×（標準偏差）以上離れた値のとき
	・起こる確率が 5 % 未満のとき

■**練習52**　ある通販商品の 1 日あたりの注文個数の平均値が 247 個，標準偏差が 15.3 個であった。この度，新しい宣伝を流した結果，1 日あたりの注文個数が 280 個になった。このとき，新しい宣伝は効果があったといえるか。棄却域を「1 日あたりの注文個数の平均値から標準偏差の 2 倍以上離れた値となること」として仮説検定せよ。

■**Challenge**

　上の問題で，1 日あたりの注文個数が 270 個になった場合はどうか。

53 和の法則・積の法則

大小2つのさいころを振ったとき，次の場合の数は何通りか。

(1) 出た目の和が5の倍数になる。

(2) 出た目の積が奇数になる。 〈日本大〉

解 (1) (i) 目の和が5になる場合

$(1, 4)$，$(2, 3)$，$(3, 2)$，$(4, 1)$ の4通り。

(ii) 目の和が10になる場合

$(4, 6)$，$(5, 5)$，$(6, 4)$ の3通り。

よって，$4+3=7$（通り） ←和の法則

(2) 2つのさいころとも1，3，5の奇数の

場合である。大のさいころの目の3通り

各々に対して小のさいころの目が3通り

あるので

$3 \times 3 = 9$（通り） ←積の法則

アドバイス ‥‥‥‥‥‥‥‥‥‥‥‥‥‥‥‥‥‥‥‥‥‥‥‥

• 場合の数を考える場合，和の法則と積の法則は基本となる。私達も生活の中で自然に使っている考え方である。

• 数学では，問題文を読みとるのに苦労することが多いから，数学でも読解力を軽視してはいけない。問題の内容を頭の中でシミュレーションできるように。

これで 解決！

場合の数 ➡

A の起こり方が m 通り，

B の起こり方が n 通りのとき

・A か B のいずれかが起こるのは

$m+n$ 通り……和の法則

・A と B がともに起こるのは

$m \times n$ 通り……積の法則

練習53 大小2つのサイコロを振ったとき，出た目の和が4の倍数になるのは何通りか。

〈北海道工大〉

Challenge

A，B，C，Dの町は，右図のように何本かの道でつながっている。このとき，AからDへ行く行き方は何通りあるか。ただし，同じ町を2度通らないものとする。

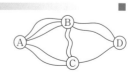

54 順列と組合せ

(1) 異なる 7 個の球から 4 個をとって 1 列に並べるとき，並べ方は何通りあるか。　　〈明治学院大〉

(2) 異なる 7 個の球から 4 個とるとき，その組合せは何通りか。

解

(1) 異なる 7 個の中から 4 個とる順列は

$$_7P_4 = 7 \cdot 6 \cdot 5 \cdot 4 = 840 \text{ （通り）}$$

(2) 異なる 7 個の中から 4 個とる組合せは

$$_7C_4 = \frac{7 \cdot 6 \cdot 5 \cdot 4}{4 \cdot 3 \cdot 2 \cdot 1} = 35 \text{ （通り）}$$

$_nP_r$ と $_nC_r$
(順列) (組合せ)

$$_nP_r = \underbrace{n(n-1)(n-2) \cdots\cdots (n-r+1)}_{r \text{ 個の積}}$$

$$_nC_r = \frac{_nP_r}{r!} = \frac{n!}{r!(n-r)!}$$

別解 $_7C_4 = \dfrac{7!}{4!\,3!} = \dfrac{7 \cdot 6 \cdot 5}{3 \cdot 2 \cdot 1} = 35 \text{ （通り）}$

←$_nC_r = {}_nC_{n-r}$ と考えることができる。

アドバイス ••••••••••••••••••••••••••••••••

▶**順列と組合せの違い**◀

• 例題でいえば，組合せ $_7C_4$ は，7 個の中から 4 個を取り出しただけ。順列 $_7P_4$ は，取り出した 4 個を 1 列に並べる並べ方まで問題にしている。

• このことを要約すると

7 個から 4 個とる組合せ	取り出した 4 個を並べる	7 個から 4 個とる順列
$_7C_4$	$4!$	$_7P_4$

$$_7C_4 \quad \times \quad 4! \quad = \quad _7P_4$$

これで 解決！

順列と組合せの関係 ➡

取り出しただけ	取り出したものを並べる	取り出して並べる
$_nC_r$	$r!$	$_nP_r$
(組合せ)		(順列)

$$_nC_r \quad \times \quad r! \quad = \quad _nP_r$$

練習54 (1) 8 人の生徒の中から席にすわる 4 人を選ぶ方法は ☐ 通りである。また番号のついた 4 つの席にすわらせる方法は ☐ 通りである。　　〈東海大〉

(2) 13 人の会員の中から，3 人の代表者を選ぶとき，何通りの選び方があるか。また，会長，書記，会計の 3 人を選ぶのは何通りあるか。　　〈中央大〉

Challenge

1 から 9 までの数が 1 つずつかいてあるカードが 9 枚ある。この中から 3 枚取り出して 1 列に並べる。

(1) 3 桁の整数はいくつできるか。

(2) 数字の小さい順に並べるとき，並べ方は何通りあるか。　　〈京都産大〉

55 いろいろな順列

男子3人，女子4人が1列に並ぶのに，女子2人が両端にくる場合は □ 通りで，女子4人が隣り合う場合は □ 通りである。

〈福岡大〉

解　まず，両端にくる女子の並べ方は

$$_4P_2 = 4 \cdot 3 = 12$$

次に，残りの5人の並べ方は

$$_5P_5 = 5 \cdot 4 \cdot 3 \cdot 2 \cdot 1 = 120$$

よって，$_4P_2 \times _5P_5 = 12 \times 120 = \mathbf{1440}$（通り）

隣り合う女子4人を1まとめにして考える。

男子3人と1まとめ の女子4人の並べ方	女子4人の 並べ方

$$_4P_4 \times 4! = 24 \times 24 = \mathbf{576}（通り）$$

両端の並べ方は $_4P_2$

← 女 ○○○○○ 女

残りの5人の並べ方は $_5P_5$

$_4P_4$

女 女 女 女 男 男 男

↑

女子の並べ替えが $_4P_4 = 4!$（通り）

アドバイス ‥‥‥‥‥‥‥‥‥‥‥‥‥‥‥‥‥‥‥‥‥‥‥‥‥‥‥‥‥‥‥‥‥‥‥

- 異なるものを並べる順列で，場所が指定されたり，隣り合うように並べる順列はよく出題される。
- 場所が指定されたら，始めに，その場所に並べてしまう。それから残りの順列を考える。
- 隣り合う場合は，隣り合うものを1まとめにして，1つと見て並べる。
- 次に，隣り合ったものの並べ替えをする。

これで 解決!

- 場所が指定された場合の順列
  ➡ 始めに，指定された場所の並べ方を考える
- 隣り合う場合の順列
  ➡ 隣り合うものを1つとしてみる
    └─（隣り合うものの並べ替えも忘れずに）

■ **練習55** (1) 男子6人，女子3人が1列に並ぶ。次の場合について何通りあるか。

　(ⅰ) 両端に女子がくる場合　　　(ⅱ) 女子3人が隣り合う場合　　〈松山商大〉

(2) 5つの数字1，2，3，4，5をそれぞれ1度ずつ用いてできる5桁の自然数のうち，1と2が隣り合わないものの個数を求めよ。　　〈千葉工大〉

■ **Challenge**

1，2，3，4，5，6，7から異なる5個の数字を取って作られる5桁の整数で奇数であるものは □ 通りあり，千の位と一の位の数字が偶数であるものは □ 通りある。

〈国士舘大〉

56 円順列

父と母と子供3人が円形のテーブルに座るとき，次の問いに答えよ。

(1)　5人の座り方は何通りあるか。

(2)　父と母が隣り合うような座り方は何通りあるか。　〈東海大〉

解　(1)　父を固定し，残り4人を並べれば
よいから

$$_4P_4 = 4\cdot3\cdot2\cdot1 = 24（通り）$$

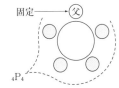

(2)　父と母を1つにまとめて固定すると
子供3人の並べ方は

$$_3P_3 = 3\cdot2\cdot1 = 6$$

父と母の並べ替えが2通り。

よって，$_3P_3 \times 2 = 6 \times 2 = 12$（通り）

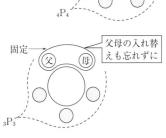

父母の入れ替えも忘れずに

アドバイス

• 円形に並べる円順列では，始めに1人を固定して，それから残りを1列に並べる。

• 円順列でも，隣り合う場合は，隣り合うものを1つにまとめて，それを固定するのがわかり易い。ただし，隣り合ったものどうしの入れ替えも忘れずに。

まず，私が始めに座って

これで 解決！

円順列 ➡ ・始めに，どれか1つを固定して考える
・隣り合う場合は，1つにまとめて固定
（隣り合うものの並べ替えも忘れずに）

練習56　両親と5人の子供の7人が円形のテーブルに座るとき，次の問いに答えよ。

(1)　7人の座り方は何通りあるか。

(2)　両親が隣り合うような座り方は何通りあるか。　〈関西学院大〉

Challenge

教師2名と生徒4名が円卓を囲むとき，教師が隣り合わない座り方は ☐ 通りあり，このうち教師が向い合う座り方は ☐ 通りある。　〈愛知大〉

57 重複順列

1, 2, 3, 4, 5 の 5 種類の数字を使って 3 桁の整数をつくる。同じ数をくり返し使ってよいとする。

(1) 全部でいくつできるか。

(2) 百の位に 1, 3, 5, 十の位に 2, 4 のいずれかの数がくるのはいくつできるか。　〈東洋大〉

解

(1) 各位の数は，1, 2, 3, 4, 5 のどれかがくるから，各位にくる数は 5 通りある。

よって，$5 \times 5 \times 5 = 5^3 = 125$（通り）

(2) 百の位が 1, 3, 5 の 3 通り。
十の位が 2, 4 の 2 通り。
一の位は 1, 2, 3, 4, 5 の 5 通り。
よって，$3 \times 2 \times 5 = 30$（通り）

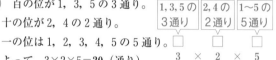

アドバイス

- 順列の中でも，同じものをくり返し使って並べてよい重複順列は，いきなり公式を適用しようとしないで，それぞれの場所に何通りの可能性があるかを考えるのがよい。
- そうすれば次のように積の法則により n^r が見えてくる。

これで解決！

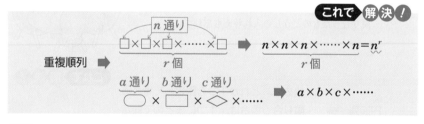

PS 重複順列では積の法則がもとになっている。それぞれの場所に何通りくるかよく考えることが point だ。

練習57 (1) 2 種類の文字 A, B をくり返し用いることを許して，8 個並べて文字列をつくる。このような文字列は全部で ☐ 個ある。　〈センター試験〉

(2) A, B, C, D 4 人でじゃんけんをするとき，その手の出し方は何通りあるか。

Challenge

5 個の整数 0, 1, 2, 3, 4 を使って 4 桁の整数をつくるとき，1200 より大きい奇数はいくつできるか。ただし，同じ数字を何度使ってもよい。　〈甲南大〉

58 同じものを含む順列

NAGASAKI という 8 文字を横 1 列に並べる。このとき，異なる語は何通りあるか。また，そのうち NIAS という文字を含む語は何通りあるか。　　　　　　　　　　　　　　　　　　　〈長崎総合科学大〉

解　A…3 個，N，G，S，K，I が 1 個だから
異なる語は

$$\frac{8!}{3!}=8\cdot7\cdot6\cdot5\cdot4=6720\ (通り)$$

NIAS を 1 つとみて，
A，A，(NIAS)，G，K の 5 個を並べる。

$$\frac{5!}{2!}=5\cdot4\cdot3=60\ (通り)$$

すべて異なる　………$_nP_r$

同じものを含む　……$\dfrac{n!}{p!q!r!}$
(同じものが p 個，q 個，r 個)

同じものを含む
か含まないかで
使われる公式
が全然ちがう

アドバイス

- 順列を考えるうえで，すべて異なるものを並べる場合と，同じものを含む場合では，大きく考え方が違う。
- まず，問題を読んで，「同じものを含む」か「すべて異なる」か，しっかり確認しよう。
- この例題でも，単に 8! とすると，右図より AAA の並べ方 3! だけ重複して数えたことになるから，3! で割ることになる。

$$N\ A\ G\ A\ S\ A\ K\ I$$
$$N\ A\ G\ A\ S\ A\ K\ I$$

A は同じものだから入れ替わっても同じである。それが 3! ある。

これで　解決！

同じものを含む順列 ➡ $\dfrac{n!}{p!q!r!}$ 　n 個の中に同じものが p 個，q 個，r 個含まれている

PS　例題の NAGASAKI を 1 列に並べるのに，AAA を入れる 3 つの場所を選び，残りの 5 個を 1 列に並べるという考え方もある。$\left(_8C_3\times5!=\dfrac{8!}{3!5!}\times5!=6720\right)$

○ Ⓐ Ⓐ ○ ○ Ⓐ ○ ○
$_8C_3$ で AAA を入れる場所を選ぶ。

■ **練習58** success という 7 文字を全部並べてえられる順列の数は ☐ 通りであり，c が隣り合わないものは ☐ 通りである。また，c が両端にくる並べ方は ☐ 通りである。　　　　　　　　〈西南学院大〉

■ **Challenge**

数字 1，1，2，2，3，3，4，5，6 がそれぞれ書かれた 9 枚のカードを左から 1 列に並べ，9 桁の自然数を作ることにする。奇数がすべて左から奇数番目にあるような自然数はいくつできるか。　　　　　　　　　　　　　　　　　　　　　〈自治医大〉

59 いろいろな組合せ

(1) 男子10人，女子8人から5人の代表を選ぶとき，選び方は何通り
あるか。ただし，男子Aと女子Bは必ず選ばれるものとする。

(2) 男子5人，女子3人の中から委員3人を選ぶとき，少なくとも1
人の女子を含む選び方は何通りあるか。　　　　　〈東京電機大〉

解　(1)　A，Bを除いた16から3人を選べばよい。　　←特定のA，Bを始めから
　　　　　　　　　　　　　　　　　　　　　　　　　　　除いて考える。

$$\text{よって，}\ _{16}C_3 = \frac{16 \cdot 15 \cdot 14}{3 \cdot 2 \cdot 1} = \mathbf{560}\ \text{（通り）}$$

(2)　全体の8人から3人を選ぶ選び方は

$$_8C_3 = \frac{8 \cdot 7 \cdot 6}{3 \cdot 2 \cdot 1} = 56$$

このうち，男子だけ3人選ばれるのは

$$_5C_3 = \frac{5 \cdot 4 \cdot 3}{3 \cdot 2 \cdot 1} = 10$$

よって，少なくとも1人の女子が選ばれるのは

$$56 - 10 = \mathbf{46}\ \text{（通り）}$$

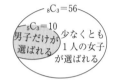

アドバイス

• 組合せの問題で，特定のものが選ばれているとき，
特定のものは始めから除いて考えるのがよい。

• また，少なくとも……は，"補集合"の考えを利用し
ていく。

これで 解決！

必ず選ばれる特定のものは　➡　始めから除外して考える

少なくとも（〜を1つ含む）は　➡　（全体の総数）−（〜を含まない数）で考える

PS　……以上，……以下というときも，その反対の場合を考えて全体から引くことを考え
るとよい。

練習59　ケーキ5個とアイスクリーム3個がある。これらの種類がすべて異なるとき

(1)　ケーキ2個とアイスクリーム1個を選ぶ方法は ☐ 通りある。

(2)　特定のケーキ2個を含むように4個を選ぶ方法は ☐ 通りある。

(3)　アイスクリームを少なくとも1個含むように3個選ぶ方法は ☐ 通りある。

〈日本大〉

Challenge

1から20までの整数の中から異なる3個を選ぶとき，3個の数の和が偶数になる
選び方は ☐ 通りである。　　　　　　　　　　　　　　〈大阪工大〉

60 組の区別のつかない組分け

異なる6個のものを，次のように分ける方法は何通りあるか。

(1) 2個ずつ A，B，C の3人に分ける方法。

(2) 2個ずつ3組に分ける方法。

(3) 3個，2個，1個の組に分ける方法。 〈武蔵大〉

解 (1) A に分ける品物の選び方は $_6C_2=15$

次に，B に分ける品物の選び方は $_4C_2=6$

残りの C に分ける品物の選び方は $_2C_2=1$

よって，$_6C_2 \times _4C_2 \times 1 = 15 \times 6 \times 1 = \mathbf{90}$（通り）

$_2C_2$ は自動的に決まるから 1 としてもよい。

(2) (1)の分け方で，A，B，C の区別をなくした場合だから

$$_6C_2 \times _4C_2 \times 1 \div 3! = \frac{90}{6} = \mathbf{15}\ （通り）$$

(3) $_6C_3 \times _3C_2 \times 1 = \dfrac{6 \cdot 5 \cdot 4}{3 \cdot 2 \cdot 1} \times \dfrac{3 \cdot 2}{2 \cdot 1} = \mathbf{60}$（通り）

← 3個，2個，1個の個数の違いで組が区別される。

アドバイス ··

▶組の区別と組分け◀

- 組分けの問題では，同数の組に分ける場合，注意しなければならないことがある。

- 異なる6個①，②，③，④，⑤，⑥を2個ずつ3組に分けるとき，①②，③④，⑤⑥の1つの組分けを例にとると，右図より組の区別のある組分けと区別のない組分けでは $3!=6$（通り）の違いが生じる。

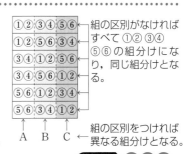

組の区別がなければすべて ①② ③④ ⑤⑥ の組分けになり，同じ組分けとなる。

組の区別をつければ異なる組分けとなる。

これで 解決！

組の区別がつかない組分け

　　同数の組が2組 ┈┈▶ 2! で割る

　　同数の組が3組 ┈┈▶ 3! で割る

組の区別がつかない組分け
同数の組が r 個 → $r!$ で割る

PS 組の区別がつかないとは，同数の組分けをした組に名称がなく，分けたものを入れる入れ物の区別もないということである。

■**練習60** 9人を3人ずつ A，B，C の組に分ける方法は ◻ 通りであり，3人ずつ3組に分ける方法は ◻ 通りである。 〈玉川大〉

■ **Challenge**

9人の生徒を3人ずつ3組に分けるとき，特定の A 君と B 君が同じ組に入るようにする方法は ◻ 通りである。 〈摂南大〉

61 組合せの図形への応用

図のような道路において，AからBへ
行く最短の道順は何通りあるか。ただし，
CD間は通れないとする。　　〈北海道工大〉

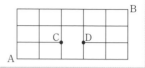

解

(i)　A〜Bのすべての道順は

$$\frac{8!}{5!\,3!}=\frac{8\cdot7\cdot6}{3\cdot2\cdot1}=56 \ (通り)$$

(ii)　A〜Cの道順は　$\dfrac{3!}{2!}=3$（通り）

A〜C→D〜Bの道順は
(A〜C)×(D〜B)

$$D〜Bの道順は \quad \frac{4!}{2!\,2!}=\frac{4\cdot3}{2\cdot1}=6 \ (通り)$$

A〜C→D〜Bの道順は　3×6＝18（通り）

← 右に5区画，上に3区画
→→→→→↑↑↑
上の8つを並べる順列と
考える。$_8C_5$でもよい。

← $\dfrac{3!}{2!}\times\dfrac{4!}{2!\,2!}$

求める道順は(i)から(ii)の場合を除けばよい。
よって，56−18＝**38**（通り）

アドバイス ●●●●●●●●●●●●●●●●●●●●●●●●●●●●●●●●●●

●図形を題材にした組合せの問題では，点や辺をどの
ように，いくつ選ぶかを知らないと解けない。そこ
で，次の代表的な考え方は確認しておこう。

これで 解決！

最短経路の道順	三角形をつくる	多角形の頂点
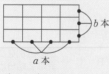	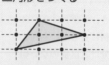	
$\dfrac{(a+b)!}{a!\,b!}$ 通り	同一直線上にない 3点を選べば，三 角形が1つできる。	2点を選べば対角線 （ただし辺は除く） 3点を選べば三角形

■**練習61**　右図のような格子状の道路網がある。点Aから点
Bまで最短経路で行く方法は全部で◯◯通りある。
また，点Aから線分PQを通らないで点Bまで最短経
路で行く方法は◯◯通りある。　　〈昭和薬大〉

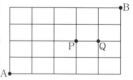

■ **Challenge**

正二十角形の3つの頂点を選んでできる三角形は◯◯個で，そのうち正二十角形
と辺を共有しないものの個数は◯◯個である。　　〈玉川大〉

62 確率の考え方

3個のコインを同時に投げるとき，表が2枚，裏が1枚出る確率を求めよ。

解 3個のコインを同時に投げるとき
表と裏の出方は

$$2^3 = 8 \ （通り）$$

← 1個のコインは表と裏の2通りの出方がある。3個あるから重複順列の公式 n^r より。

表が2枚，裏が1枚出るのは

表 表 裏，表 裏 表，裏 表 表

の3通り。

← ○ ○ ○　3つの場所から2か所を選ぶと考える。この考え方ならコインの数が多くなっても大丈夫。
$_3C_2$

よって，$\dfrac{3}{8}$

アドバイス

▶**根元事象と確率の考え方**◀

ここで，確率を学ぶ上で，考え方の原点になる根元事象について確認しておこう。

- この例題の試行で，起こりうる場合のパターンは右上図の4通りであるが，根元事象は右下図の8通りである。
- 根元事象は，1つ1つのコインをすべて異なったものとして考えたときの起こりうる総数であり，確率は"根元事象の数"と"ある事象 A の起こる数"との割合である。

表表表
表表裏
表裏裏
裏裏裏

3個のコインを投げるとこのパターンは
表表表，裏裏裏
より3倍多く現れる。

全事象

表 表 表　　裏 表 表
表 表 裏　　裏 表 裏
表 裏 表　　裏 裏 表
表 裏 裏　　裏 裏 裏

8つの根元事象を合わせて全事象という。

これで 解決！

確率の定義 ➡ $P(A) = \dfrac{\text{事象 } A \text{ の起こる数}}{\text{起こりうるすべての数}}$ ←根元事象の総数

PS 見た目は同じでも，確率の計算ではすべて異なるものとして考える。

練習62 大小2個のさいころを同時に投げ，大きい方の出た目を X，小さい方の出た目を Y とする。このとき，$X+Y=8$ となる確率は □，$2X-Y=4$ となる確率は □ である。　〈金沢工大〉

Challenge

2個のさいころを同時に投げる。このとき，出た目の和が素数になる確率を求めよ。　〈福島大〉

63 確率の加法定理⑴（排反である場合）

> 金貨3枚と銀貨7枚が入っている袋の中から2枚を取り出すとき，
> 2枚とも金貨または銀貨である確率を求めよ。 〈名古屋学院大〉

解 合わせて10枚から2枚を取り出すのは
$$_{10}C_2 = 45 \text{（通り）}$$

取り出した2枚が

2枚とも金貨であるのは $_3C_2 = 3$（通り）

2枚とも銀貨であるのは $_7C_2 = 21$（通り）

これらは排反だから，求める確率は
$$\frac{1}{15} + \frac{7}{15} = \frac{8}{15}$$

別解 2枚とも同じ種類の硬貨を取り出すのは
$$_3C_2 + _7C_2 = 3 + 21 = 24$$

よって，$\dfrac{_3C_2 + _7C_2}{_{10}C_2} = \dfrac{24}{45} = \dfrac{8}{15}$

> 事象 A と B が排反である
> ときの加法定理
> A または B が起こる確率は
> $$P(A \cup B) = P(A) + P(B)$$

←2枚とも同じ種類の硬貨にな
る場合の数を数え上げ，全体
の総数で割る。

アドバイス

- 事象 A と B が排反であるとき，$P(A)$ と $P(B)$ を別々に求めてから $P(A) + P(B)$ を計算できる。
- 別解は，A または B が起こる場合の数を求めてから加法定理を使わずに求めた。どちらで解いても問題ないので，そのときの解きやすい方でよいだろう。

> A と B が排反
> $\Updownarrow$
> A と B は同時に起こ
> らない。

これで 解決!

確率の加法定理
（事象 A, B が
排反のとき
$A \cap B = \varnothing$）

$\Rightarrow$ $P(A \cup B) = P(A) + P(B)$

| A または B が起こる確率 | A が起こる確率 | B が起こる確率 |

$$= \frac{n(A) + n(B)}{n(U)}$$

練習63 男子7人，女子8人の中から3人を選ぶ場合，すべてが同性である場合の確率は □ である。 〈昭和薬大〉

Challenge

1から11までの11枚の番号札がある。この中から3枚取り出すとき，すべて奇数であるかまたは，偶数である確率を求めよ。 〈福岡大〉

64 確率の加法定理(2)(排反でない場合)

> 1から100までの整数から1つの整数ででたらめに選ぶとき，次の確率を求めよ。
>
> (1) 2の倍数である。   (2) 5の倍数である。
>
> (3) 2または5の倍数である。   〈明星大〉

解

2の倍数である事象をA

5の倍数である事象をB　とする。

$n(A)=50$，$n(B)=20$，$n(U)=100$ より　　←$n(A)$，$n(B)$ の数は次の計算で。

$100\div2=50$，$100\div5=20$

(1) $P(A)=\dfrac{50}{100}=\dfrac{1}{2}$

(2) $P(B)=\dfrac{20}{100}=\dfrac{1}{5}$

(3) $n(A\cap B)=10$ だから　　←2かつ5の倍数は10の倍数で

$100\div10=10$ より $n(A\cap B)=10$

$$P(A\cup B)=P(A)+P(B)-P(A\cap B)$$
$$=\dfrac{1}{2}+\dfrac{1}{5}-\dfrac{1}{10}=\dfrac{3}{5}$$

よって，$P(A\cap B)=\dfrac{10}{100}=\dfrac{1}{10}$

アドバイス

- 例題の(3)は，2または5の倍数の個数を求めて，次のように解くことの方が多い。

$$n(A\cup B)=n(A)+n(B)-n(A\cap B)$$
$$=50+20-10=60 \quad \therefore \quad P(A\cup B)=\dfrac{60}{100}=\dfrac{3}{5}$$

- 解のように，特に加法定理を意識しなくても，集合の要素の個数と確率との関係が理解できればどちらで解いてもよいだろう。

これで 解決!

加法定理 ➡ $P(A\cup B)=P(A)+P(B)-P(A\cap B)$

（事象A，Bが排反でないとき）　| AまたはBが起こる確率 | Aが起こる確率 | Bが起こる確率 | AかつBが起こる確率 |

練習64 300以下の自然数の中から任意に1つの自然数を取り出すとき，次の確率を求めよ。

(1) 4の倍数である確率   (2) 6の倍数である確率

(3) 4または6の倍数である確率   〈福井工大〉

Challenge

2つのサイコロを投げたとき，次の確率を求めよ。

(1) 出た目の和が3の倍数   (2) 出た目の積が3の倍数

(3) 出た目の和または積が3の倍数   〈日本大〉

65 順列と確率

a，b，c，d，e，f の6人が，でたらめに1列に並ぶとき，
a と b が隣り合って並ぶ確率は ☐ である。また，d，e，f が隣り
合わない確率は ☐ である。　　　　　　　　　　　〈北海道工大〉

解 6人の並べ方は　$_6P_6$（通り）

a と b が隣り合う場合の並べ方は　　　　　　←隣り合う場合の並べ方は
a，b を1つにして5人を並べる。　　　　　　　隣り合うものを1つにする。

　　$2 \times _5P_5$（通り）

よって，$\dfrac{2 \times 5!}{6!} = \dfrac{2 \cdot \not5 \cdot \not4 \cdot \not3 \cdot \not2 \cdot 1}{\not6 \cdot \not5 \cdot \not4 \cdot \not3 \cdot \not2 \cdot 1} = \dfrac{1}{3}$ ← $\dfrac{2 \times 5!}{6!} = \dfrac{2 \times 5!}{6 \times 5!}$

> 階乗のまま約分
> することもできる

まず，a，b，c を並べるのは　　　　　←　$_3P_3$
　　$_3P_3$ 通り

d，e，f を a，b，c の両端とその間に　　4か所から3か所を選び
入れるのは　$_4P_3$（通り）　　　　　　d，e，f を間に入れる。
　　　　　　　　　　　　　　　　　　　$_4C_3 \times 3! = _4P_3$

よって，$\dfrac{_3P_3 \times _4P_3}{_6P_6} = \dfrac{3 \cdot 2 \cdot 1 \cdot 4 \cdot 3 \cdot 2}{6 \cdot 5 \cdot 4 \cdot 3 \cdot 2 \cdot 1} = \dfrac{1}{5}$

アドバイス

- 順列を題材にした確率の問題では，"隣り合う""両端にくる""間に入る"など特別
  な場合の順列の並べ方を求めることが基本になる。
- 隣り合わない確率を求めることもある。そのときは隣り合わないものを，後から
  並べるのがよい。

これで 解決！

順列と確率 ➡ ・隣り合う（隣り合うものは1つにする）
　　　　　　　・両端にくる（始めに両端にくるものを並べる）

練習65 9枚のカードがあり，それぞれに1から9までの異なる数字が1つずつかかれ
ている。この中から5枚を取り出して，1列に並べるとき
(1) 1と9のカードが両端にくる確率は ☐ である。
(2) 両端が奇数のカードである確率は ☐ である。
(3) 1と9のカードが隣り合う確率は ☐ である。
(4) 5のカードが中央にくる確率は ☐ である。　　　　　〈九州共立大〉

Challenge

　赤い玉4個と青い玉3個が入った袋から1個ずつ取り出し，7個の玉を順に1列に
並べる。このとき，中央が赤い玉である確率は ☐ であり，両端が赤い玉である確
率は ☐ である。また，赤い玉と青い玉が交互に並ぶ確率は ☐ である。

〈神奈川工科大〉

66 組合せと確率

赤玉が 5 個，白玉が 4 個，青玉が 3 個入っている袋がある。この袋から玉を 3 個同時に取り出すとき，次の確率を求めよ。

(1) 3 個とも赤である。　　(2) 3 個の色がすべて異なる。

〈岐阜大〉

解　合わせて 12 個から 3 個取り出すのは

$$_{12}C_3 = \frac{12 \cdot 11 \cdot 10}{3 \cdot 2 \cdot 1} = 220 \text{（通り）}$$

←全事象，すなわち全体で
何通りあるか求める。
(同じ色の玉もすべて異なる
ものと考える。)

(1) 3 個とも赤であるのは

$$_5C_3 = 10 \text{（通り）}$$

よって，$\dfrac{10}{220} = \dfrac{1}{22}$

←赤玉 5 個から 3 個 $\cdots$ $_5C_3$
(5 個の赤玉も異なるものと
考える。)

(2) 3 個の色が異なるのは，赤，白，青をそれぞれ 1 個ずつ取り出すことだから

$$_5C_1 \times _4C_1 \times _3C_1 = 5 \times 4 \times 3 = 60 \text{（通り）}$$

よって，$\dfrac{60}{220} = \dfrac{3}{11}$

同じものでも
区別して

アドバイス ··

- 球を取り出したりする試行で，取り出される順番が問題にならなければ，組合せの考え方を使う。
- "1 個ずつ 3 取り出す"と"同時に 3 個取り出す"は結果的に同じである。また，同じ色の球でも，すべて異なったものとして事象の数を数えることも基本である。

これで 解決！

組合せと確率 ➡ 順番が問題にされなければ $_nC_r$ で，
同じものでもすべて異なるものとして数え上げる

練習66　赤玉 2 個，青玉 3 個，白玉 4 個が入っている袋から，同時に 3 個の玉を取り出すとき，次の確率を求めよ。

(1) 3 個の色がすべて異なる確率　　(2) 3 個とも同じ色である確率

(3) 2 個が同じ色である確率

〈福岡大〉

Challenge

赤，白，青のカードが 4 枚ずつあり，各色ごとに 1 から 4 までの番号が 1 つずつかかれている。この 12 枚のカードから同時に 3 枚取り出す。3 枚の番号がすべて異なる確率を求めよ。

〈東北工大〉

67 余事象の確率

20本のくじの中に当たりくじが4本ある。この中から同時に3本のくじを引くとき，3本ともはずれる確率は □ である。また，少なくとも1本が当たる確率は □ である。　〈名城大〉

解 20本のくじから3本引くのは

$$_{20}C_3 = \frac{20 \cdot 19 \cdot 18}{3 \cdot 2 \cdot 1} = 1140 \text{（通り）}$$

3本ともはずれるのは

$$_{16}C_3 = \frac{16 \cdot 15 \cdot 14}{3 \cdot 2 \cdot 1} = 560 \text{（通り）}$$

よって，3本ともはずれる確率は

$$\frac{_{16}C_3}{_{20}C_3} = \frac{560}{1140} = \frac{28}{57}$$

また，少なくとも1本が当たる確率は

$$1 - \frac{28}{57} = \frac{29}{57}$$

←3本ともはずれる事象の余事象

アドバイス

• 事象 A に対して，A が起こらない事象を A の余事象といい，$\overline{A}$ で表す。

• まともに考えると場合分けが3つ以上ある時は，余事象を考えるのがよい。
問題文に次のキーワードが出てきたら余事象の確率を思い出そう。

余事象はそうならない逆の場合か。

これで 解決!

| 余事象の確率 $P(\overline{A}) = 1 - P(A)$ を使うキーワード | ⇒ | ・少なくとも…… ・〜以上，〜以下 ・場合分けが3つ以上ある |

練習67 (1) 赤玉3個，青玉4個，白玉5個が入っている袋から5個の玉を取り出すとき，赤玉が少なくとも1個含まれている確率は □ である。　〈東京歯大〉

(2) 1から10までの番号のかかれた10枚のカードから同時に3枚引くとき，最大の数が8以上である確率は □ である。　〈日本女子大〉

Challenge

3人の女子と10人の男子が円卓に座るとき，少なくとも2人の女子が連続して並ぶ確率を求めよ。　〈西南学院大〉

68 続けて起こる場合の確率

10本中4本当たりがあるくじを，A，B，C 3人がこの順にくじを引くとき，次の確率を求めよ。ただし，引いたくじはもとに戻さない。

(1) 3人とも当たる。　　　　　(2) A だけが当たる。

〈広島国際学院大〉

解 (1) 始めに A が当たる確率は $\dfrac{4}{10}$，次に，B が当たる確率は $\dfrac{3}{9}$

そして，C が当たる確率は $\dfrac{2}{8}$

よって，$\dfrac{4}{10} \times \dfrac{3}{9} \times \dfrac{2}{8} = \dfrac{1}{30}$

(2) 始めに A が当たる確率は $\dfrac{4}{10}$，次に，B がはずれる確率は $\dfrac{6}{9}$

さらに，C がはずれる確率は $\dfrac{5}{8}$

←A，B，C それぞれが引くとき，当たりくじとはずれくじの数を確認し，その確率を掛けていく。

よって，$\dfrac{4}{10} \times \dfrac{6}{9} \times \dfrac{5}{8} = \dfrac{1}{6}$

アドバイス

• くじを引く試行では，もとに戻さないで続けて引くことがよくある。くじを引くと，その都度当たりくじまたは，はずれくじの数が変わる。

• 各回後の全事象がどう変わるかを考え，その回ごとの確率を掛けていけば確率は求められる。
（厳密には [71] の条件付き確率になる。）

これで→解決！

続けて起こる確率 → 始めに A が起こり 続けて B が起こる → $P(A) \times P(B)$

練習68 赤球3個と白球4個の入った袋から A，B の2人がこの順番に1球ずつ取り出す。ただし，取り出した球はもとに戻さないものとする。このとき，次の確率を求めよ。

(1) 2人とも赤球を取り出す確率　　　(2) B が白球を取り出す確率　　〈東海大〉

Challenge

10本のくじがあり，そのうち2本が当たりくじである。このくじから A 君，B 君，C 君の順で1本ずつ引く。このとき，C 君が当たる確率は ☐ であり，また，3人のうち少なくとも1人が当たる確率は ☐ である。ただし，引いたくじはもとに戻さないものとする。

〈愛知工大〉

69 さいころの確率

> 3つのさいころを投げるとき，次の確率を求めよ。
> (1) 3個とも異なる目が出る確率
> (2) 最大の目が4である確率　　　　　　　　　　　　　　〈近畿大〉

解 (1) 3個のさいころを投げるとき

目の出方は 6^3（通り）

3個とも異なる目の出方は $_6P_3$（通り）

よって，$\dfrac{_6P_3}{6^3} = \dfrac{\overset{}{6}\cdot\overset{}{5}\cdot\overset{}{4}}{\underset{3}{6}\cdot\underset{3}{6}\cdot 6} = \dfrac{5}{9}$

1から6の異なる6個の数から3個の数を取り出してA，B，Cに並べると考える。

どの目でも よいから $\dfrac{6}{6}$	Aと異なる 目だから $\dfrac{5}{6}$	A，Bと異な る目だから $\dfrac{4}{6}$

別解 3個のさいころを A，B，C とすると，A，B，C の目がどれも異なるのは

$$\dfrac{6}{6} \times \dfrac{5}{6} \times \dfrac{4}{6} = \dfrac{5}{9}$$

(2) 3個とも1～4 − 3個とも1～3 = 少なくとも1個
のいずれかの目　　のいずれかの目　　は4の目が出る

$$\left(\dfrac{4}{6}\right)^3 - \left(\dfrac{3}{6}\right)^3 = \dfrac{64-27}{216} = \dfrac{37}{216}$$

アドバイス ....

さいころは確率の題材によく使われるので，次の考え方は知っておくように。

- (1)の異なる目が出る場合は $_6P_r$ で数を並べるか，別解のように1個1個のそれぞれの確率を掛けていく。
- 出る目の最大値が k である確率は（k 以下の確率）−（$k-1$ 以下の確率）で求まる。

これで 解決 !

r 個のさいころを 投げたときの確率	⇒	すべて異なる目が出る $\cdots$ $_6P_r$ で数を並べる 最大の目が k（$2 \leqq k \leqq 6$）→ $\left(\dfrac{k}{6}\right)^r - \left(\dfrac{k-1}{6}\right)^r$ 　　　　　　　　　　　　　　　　（k 以下）　（$k-1$ 以下）

練習69 (1) 4個のさいころを投げるとき，少なくとも2個が同じ目である確率は ☐ である。　　　　　　　　　　　　　　〈福井工大〉

(2) 3個のさいころを投げるとき，5以上の目が少なくとも1個出る確率は ☐ であり，最大値が5である確率は ☐ である。　　　　　　〈東海大〉

■ **Challenge**

4個のさいころを投げるとき，出た目の積が3の倍数である確率は ☐ である。

〈千葉工大〉

70 反復試行の確率

1個のさいころを4回投げるとき，次の確率を求めよ。

(1)　1の目が2回出る確率

(2)　1か2の目が1回出る確率　　　　　　　　　　〈神奈川大〉

解

(1)　1の目の出る確率は $\dfrac{1}{6}$

1の目以外の目の出る確率は $\dfrac{5}{6}$

1の目が4回中2回出るから

$$_4C_2 \times \left(\dfrac{1}{6}\right)^2 \times \left(\dfrac{5}{6}\right)^2$$

$$= 6 \times \dfrac{5^2}{6^4} = \dfrac{25}{216}$$

1回目	2回目	3回目	4回目
○	○	×	×
○	×	○	×
○	×	×	○
×	○	○	×
×	○	×	○
×	×	○	○

1の目の出方は4か所から2か所を選ぶ組合せ $_4C_2$ 通りある。
反復試行管理人

○：1の目が出る確率 $\dfrac{1}{6}$

×：1の目が出ない確率 $\dfrac{5}{6}$

○が2回，×が2回起こる確率は

$$\left(\dfrac{1}{6}\right)^2\left(\dfrac{5}{6}\right)^2$$

(2)　1か2の目の出る確率は $\dfrac{2}{6} = \dfrac{1}{3}$

$$\therefore \quad _4C_1 \times \left(\dfrac{1}{3}\right)^1 \times \left(\dfrac{2}{3}\right)^3 = 4 \times \dfrac{2^3}{3^4} = \dfrac{32}{81}$$

アドバイス

• さいころやコインを投げることをくり返し行う試行を反復試行という。反復試行の確率では，何回試行して，求める事象が何回起こるかが重要である。

• n 回試行して r 回起こる場合，どうしても，その起こるパターンが $_nC_r$ 通りあることを忘れがちになるので，例題とともにこの公式を暗記しておくのがよい。

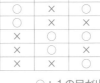
これで 解決！

n 回の試行で r 回起こる

反復試行の確率　➡　$_nC_r\, p^r (1-p)^{n-r}$

確率 p となる事象が r 回

確率 $1-p$ となる事象が $n-r$ 回

PS n 個のさいころを同時に投げることは，1個のさいころを n 回くり返し投げることと同じであるから反復試行と考えて公式を適用する。

練習70 (1)　1個のさいころを5回投げるとき，偶数の目が2回出る確率は ☐ である。　　　　　　　　　　　　　　　　　　　　　　　　　　〈福岡大〉

(2)　表の出る確率が $\dfrac{4}{5}$ である硬貨がある。この硬貨を3枚投げるとき，表が1枚出る確率は ☐ である。　　　　　　　　　　　　　　　　　　〈東海大〉

■ Challenge

赤玉2個と白玉6個が入った箱がある。この箱から玉を1個取り出し，色を見てからもとに戻す。この試行を5回行うとき，5回目にちょうど2度目の赤玉を取り出す確率を求めよ。　　　　　　　　　　　　　　　　　　　　　　　　〈日本女子大〉

71 条件付き確率

白球2個，赤球5個が入った袋の中から1球ずつ2回取り出すとき，1回目が白球である事象がA，2回目が赤球である事象をBとする。このとき，次の確率を求めよ。

(1) $P_A(B)$　　　　　　　(2) $P_{\overline{A}}(B)$

解

(1) $n(A)$は1回目が白球で，2回目は何色でもよいから　$n(A)=2\times 6=12$

$n(A\cap B)$は1回目が白球で，2回目は赤球だから　$n(A\cap B)=2\times 5=10$

よって，$P_A(B)=\dfrac{n(A\cap B)}{n(A)}=\dfrac{10}{12}=\dfrac{5}{6}$

←(別解)　1回目に白球が出た後の袋の中は，白球1個，赤球5個だから　$P_A(B)=\dfrac{5}{6}$

この状態で赤球を取り出す確率

1回目の白球

(2) $n(\overline{A})$は1回目が赤球で，2回目は何色でもよいから　$n(\overline{A})=5\times 6=30$

$n(\overline{A}\cap B)$は1回目が赤球で，2回目も赤球だから　$n(\overline{A}\cap B)=5\times 4=20$

よって，$P_{\overline{A}}(B)=\dfrac{n(\overline{A}\cap B)}{n(\overline{A})}=\dfrac{20}{30}=\dfrac{2}{3}$

←(別解)　$\overline{A}$は1回目に赤球が出ることだから，赤球が出た後の袋の中は，白球2個赤球4個

よって，$P_{\overline{A}}(B)=\dfrac{4}{6}=\dfrac{2}{3}$

アドバイス

- 条件付き確率$P_A(B)$は，Aが起こった後の状態をBase（全事象）にしたときのBの起こる確率である。
- AとBが独立である場合に，同時に起こる確率$P(A)\times P(B)$と混同しないように。

これで　解決！

条件付き確率 ➡ $P_A(B)=\dfrac{n(A\cap B)}{n(A)}=\dfrac{P(A\cap B)}{P(A)}$

Bが起こる確率

Aが起こった条件のもとで

←AとBが同時に起こる確率

←Aが起こる確率

PS 上の式で分母を払うと$P(A\cap B)=P(A)\cdot P_A(B)$の乗法定理が導ける。

練習71 白球7個，赤球3個入った袋の中から，1球ずつ2回取り出すとき，1回目が白球である事象をA，2回目が赤球である事象をBとする。このとき，次の確率を求めよ。

(1) $P_A(B)$　　　　(2) $P_{\overline{A}}(B)$　　　　(3) $P(A\cap B)$

Challenge

さいころを2回投げ，1回目に出た目の数をx，2回目に出た目の数をyとする。$x<y$であるとき，$y=5$である条件付き確率を求めよ。　　　　　〈西南学院大〉

72 ある事象が起こった原因の確率

　2つの箱 A，B があり，箱 A には白球2個と黒球6個，箱 B には白球6個と黒球2個が入っている。さいころを投げて，5以上の目が出たら A の箱から，それ以外は B の箱から球を1個とり出すとき，とり出した白球が A の箱からとり出された確率を求めよ。　〈日本大〉

解　A の箱を選ぶ事象を A，B の箱を選ぶ事象を B，
白球を取り出す事象を W とすると

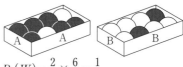

$$P(A)=\frac{1}{3},\ \ P(B)=\frac{2}{3}$$

$$P(A)\cdot P_A(W)=\frac{1}{3}\times\frac{2}{8}=\frac{1}{12},\ \ P(B)\cdot P_B(W)=\frac{2}{3}\times\frac{6}{8}=\frac{1}{2}$$

よって，$P(W)=\dfrac{1}{12}+\dfrac{1}{2}=\dfrac{7}{12}$

求める確率は $P_W(A)$ だから

$$P_W(A)=\frac{P(W\cap A)}{P(W)}=\frac{\frac{1}{12}}{\frac{7}{12}}=\frac{1}{7}$$

$P_W(A)$　┌ A の箱が選ばれる確率
　　　　└ 白球が取り出された条件で

$P(W\cap A)=P(A)\cdot P_A(W)$
は箱 A で白球が出る確率

アドバイス

・結果からその原因となる確率を求める問題で，事象 A と B のどちらかを原因として事象 W が起こるとき，W が起こった原因が A である確率は次の式で表される。

$$P_W(A)=\frac{P(W\cap A)}{P(W)}=\frac{P(A)\cdot P_A(W)}{P(A)\cdot P_A(W)+P(B)\cdot P_B(W)}\quad (\text{ベイズの定理})$$

・すなわち，事象 W の起こった原因が A である確率は
　　（A で W が起こる確率）：（全体で W が起こる確率）　の比の値である。

これで 解決！

事象 W の起こった　→　**A で W が起こった確率**
原因が A である確率　　　**全体で W が起こった確率**

練習72 黒球が1個，白球が2個入っている袋から球を1個ずつ取り出す。ただし，取り出した球が黒球の場合の球は戻し，白球の場合は戻さない。
(1)　2回取り出すとき，2回目に取り出した球が白球である確率を求めよ。
(2)　(1)のとき，1回目は白球であった確率を求めよ。　〈法政大〉

Challenge

　上の試行を3回行ったら，白球が1個残っていた。このとき，1回目は白球であった確率を求めよ。　〈法政大〉

73 期待値

青球2個と白球3個が入っている袋の中から，3個の球を取り出す。
取り出した球のうち青球1個につき100円もらえるものとする。

(1) お金をもらえない確率を求めよ。

(2) もらえる金額の期待値を求めよ。 〈学習院大〉

解

(1) 3個とも白球のときだから

$$\frac{_3C_3}{_5C_3}=\frac{1}{10}$$

(2) 青球が1個，白球が2個のとき（100円もらえる）

$$\frac{_2C_1\times_3C_2}{_5C_3}=\frac{6}{10}$$

青球が2個，白球が1個のとき（200円もらえる）

$$\frac{_2C_2\times_3C_1}{_5C_3}=\frac{3}{10}$$

よって，期待値を E とすると

$$E=0\times\frac{1}{10}+100\times\frac{6}{10}+200\times\frac{3}{10}=\textbf{120}\ （円）$$

←青球の個数を X として，
次のような表をつくる。

X	0	1	2	計
円	0円	100円	200円	
	$\dfrac{1}{10}$	$\dfrac{6}{10}$	$\dfrac{3}{10}$	1

（確率分布表：数学B）

アドバイス

・期待値を求めるには，期待される X に対応する確率 P との対応表をつくるのがわかりやすい。この表を確率分布表といい，数学Bで学ぶ。

・$p_1+p_2+p_3+\cdots+p_n=1$ が成り立つから，確率の検算に利用できる。さらに，余事象の考えから，残りの確率を求めるのにも使える。

やった〜

これで 解 決 !

確率 p_1 に対する変数
x_1 の起こる確率

期待値 ➡ $E=x_1p_1+x_2p_2+\cdots\cdots+x_np_n$
$(p_1+p_2+\cdots\cdots+p_n=1)$

X	x_1	x_2	……	x_n	計
P	p_1	p_2	……	p_n	1

練習73 さいころを投げ，1の目が出たら100点，5または6の目が出たら70点，それ以外の目のときは50点とする。このさいころを1回投げたときの期待値を求めよ。
〈法政大〉

Challenge

1から5までの数字を1つずつ記入した5枚のカードがある。この中からでたらめに2枚を抜きとる。このとき，カードの数字の和の期待値を求めよ。 〈神奈川大〉

74 角の2等分線と中線定理

右の図において，x の値を求めよ。

(1)

(2)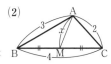

解

(1) AD が ∠A の2等分線だから
$$AB:AC=BD:DC$$
$$AB:AC=3:2 \quad より$$
$$x=4\times\frac{3}{5}=\frac{12}{5}$$

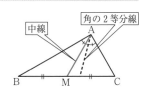

(2) 中線定理より
$$AB^2+AC^2=2(AM^2+BM^2)$$
$$3^2+2^2=2(x^2+2^2)$$
$$2x^2=5 \quad よって，x=\frac{\sqrt{10}}{2} \quad (x>0)$$

中線と角の2等分線はちがうぞ～!!

アドバイス

• 三角形の頂角の2等分線と中線（右上図）は同じではないが，いざテストになると角の2等分線が対辺の中点にくると勘違いするのを見かける。

• ここで，角の2等分線の性質と中線の性質を確認しておこう。

これで 解決!

角の2等分線
$$BD:DC=x:y$$
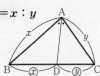

中線定理
$$AB^2+AC^2=2(AM^2+BM^2)$$
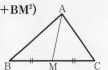

PS 三角形の3つの中線の交点が重心 G となることはいうまでもない。それぞれの中線を2:1に内分する点である。

練習74 右の図において，次の x の値を求めよ。

(1) 　〈鹿児島大〉

(2)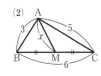

Challenge

右の図において，x の値を求めよ。ただし，G は重心である。

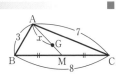

75 円周角，接弦定理，円に内接する四角形

下の図において，x と y の値を求めよ。

(1)

(2)

(3)

解

(1) $x=\angle\text{CAD}=\mathbf{60°}$ ←等しい弧に対する円周角。

  $y=2x=\mathbf{120°}$ ←中心角は円周角の2倍。

(2) $x=\angle\text{BAT}=\mathbf{35°}$ ←接弦定理

  $\angle\text{BAD}=180°-(65°+35°)=80°$ ←△ABD の内角の和は 180°

  $y+80°=180°$ より $y=\mathbf{100°}$ ←円に内接する四角形の向かい合う角の和は 180°

(3) $\angle\text{ADC}=70°$ ←内対角は等しい。

  $x=180°-70°=\mathbf{110°}$

内対角は等しい

アドバイス

• 中学で学んだ円周角の定理以外にも，接弦定理や円に内接する四角形の性質は図形を考える上で基本になる。

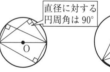

直径に対する円周角は 90°

等しい弧に対する円周角は等しい

中心角は円周角の2倍

これで解決!

接弦定理

弦に対する円周角

円の接線と接点を通る弦とのつくる角

円に内接する四角形

向かい合う角の和 $\alpha+\beta=180°$

練習75 右の図において，x と y の値を求めよ。

(1)

(2)

〈札幌学院大〉

Challenge

右の図において，

$\angle\text{OAB}=\boxed{}°$，$\angle\text{CBD}=\boxed{}°$

である。   〈北海道工大〉

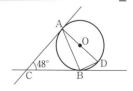

76 内心と外心

右の図において，x と y の値を求めよ。ただし，I は内心，O は外心である。

(1)

(2)

解

(1)　∠IBA＝25°　　　　　　　　　←IB は ∠ABC の 2 等分線

　　$x＝180°－(30°＋25°)＝\textbf{125°}$

　　∠BAC＝60°　　　　　　　　　←IA は ∠BAC の 2 等分線

　　$2y＝∠ACB＝180°－(60°＋50°)＝70°$

　　　　よって，$y＝\textbf{35°}$

(2)　△OAB，△OBC，△OCA は二等　←円 O が外接円だから OA＝OB＝OC

　辺三角形だから

　　$x＝∠OAB＝\textbf{15°}$

　　$y＝2∠ABC＝2×(15°＋35°)＝\textbf{100°}$　←中心角は円周角の 2 倍。

アドバイス

- 三角形の内心と外心は，角を 2 等分するか辺を垂直 2 等分するかのどちらかである。
- 迷ったら鈍角三角形で考えよう。外心は三角形の外に出るからすぐわかる。

鈍角三角形の外心は外だ

これで 解 決 ！

内心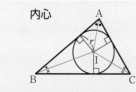

外心

OA＝OB＝OC
（外接円の半径）

各頂角の 2 等分線　　　各辺の垂直 2 等分線

練習76　右の図において，x と y の値を求めよ。ただし，I は内心，O は外心とする。　　〈北海道工大〉

(1)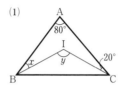

(2)

Challenge

右の図において，x，y の値を求めよ。ただし，I は内心である。

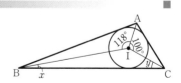

77 方べきの定理

次の図において，x の値を求めよ。ただし，T は接点である。

(1) 　(2) 　(3)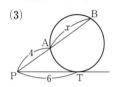

解 方べきの定理を利用する。

(1) PA·PB＝PC·PD より
  $8\cdot x=6\cdot 4$　よって，$x=3$

(2) PA·PB＝PC·PD より
  $3\cdot(3+x)=4\cdot 12$
  $3x=39$　よって，$x=13$

(3) PA·PB＝PT^2 より
  $4\cdot(x+4)=6^2$
  $4x=20$　　よって，$x=5$

アドバイス

• 方べきの定理は，相似比を使って証明できる。
  △PAC と △PDB で，△PAC∽△PDB だから
  PA：PC＝PD：PB　∴　PA·PB＝PC·PD

そうじは
大切だ

• 円と交わる 2 直線が出てきたら，方べきの定理が
  使えるかまず考えよう。

これで 解決!

方べきの定理　**PA·PB＝PC·PD**　　　　**PA·PB＝PT^2**

練習77 右の図において，x の
値を求めよ。

(1) 　(2)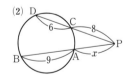

Challenge

右図のように，円と直線 l が点 A で接している。
BD＝4，CD＝5，∠ABC＝30° であるとき，

(1) 線分 AB の長さを求めよ。

(2) △ABC の面積を求めよ。　　〈神戸薬科大〉

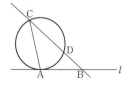

78 円と接線，2円の関係

(1)，(2)は x の値を，(3)は2円が交わるための d の値の範囲を求めよ。

(1) 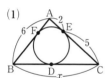　(2) 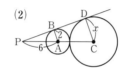　(3)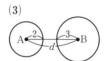

解

(1) AF＝AE＝2
BF＝BD＝6－2＝4
CE＝CD＝5
よって，x＝BD＋DC＝4＋5＝**9**

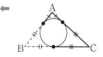

(2) △PAB∽△PCD だから
PA：AB＝PC：CD
6：2＝(6＋2＋x)：x
6x＝2(8＋x)　より　x＝**4**

$a:b=c:d$

(3) 2円が外接するとき　d＝2＋3＝5
2円が内接するとき　d＝3－2＝1
よって，**1＜d＜5**

外接　　　内接

アドバイス

・円に関する問題で，よく題材にされる典型的なもの。下図を見て覚えておこう。

これで 解 決！

円と接線
PA＝PB

2円の共通接線
相似，三平方の定理を活用する

2円の関係
外接するとき　と　内接するときを押さえる

練習78 右の図において，x，y の値を求めよ。

(1)

(2)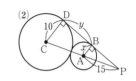

Challenge

右の2円 O，O′ の共有点の個数を d の値により分類せよ。

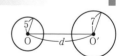

79 メネラウスの定理

右の図において，x と y の値を求めよ。

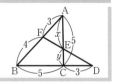

解 メネラウスの定理より

$$\frac{BD}{DC}\cdot\frac{CE}{EA}\cdot\frac{AF}{FB}=1 \quad が成り立つ。$$

$$\frac{8}{3}\cdot\frac{y}{x}\cdot\frac{3}{4}=1 \quad より \quad x=2y \cdots\cdots①$$

また，条件より $x+y=5$ $\cdots\cdots②$

①，②を解いて $x=\dfrac{10}{3}$, $y=\dfrac{5}{3}$

←メネラウスの定理は △ABC を下図のように，直線 m で切ったときの定理である。

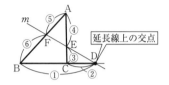

アドバイス

- メネラウスの定理は，△ABC を DF で切ったときの線分の比に関する定理である。

  これは，見方をかえると，△FBD を AC で切ったとも考えられる。

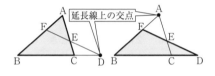

- 定理の出発は，三角形の頂点のどこからでもよいが，「頂点から頂点に行く間に必ず線分の交点を通っていく」と覚えておくとよい。

これで 解決！

メネラウスの定理

$$\frac{BD}{DC}\cdot\frac{CE}{EA}\cdot\frac{AF}{FB}=1$$

$$\frac{①}{②}\cdot\frac{③}{④}\cdot\frac{⑤}{⑥}=1$$

（何番から始めてもよい）

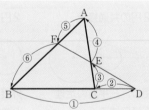

頂点から交点を経由して次の頂点へ1回り

PS この①〜⑥までの関係式はどこからスタートしてもかまわない。例えば

$$\frac{⑤}{⑥}\cdot\frac{①}{②}\cdot\frac{③}{④}=1 \quad でもよい。$$

練習79 直線 m が三角形 ABC の辺 BC, CA, AB, またはその延長と交わる点をそれぞれ D, E, F とする。

AF=2, FB=4, BC=4, CE=2, EA=3 のとき，DC の長さは ☐ である。 〈北海道薬大〉

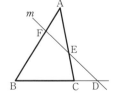

■ Challenge

上の問題で FD=5 のとき，FE=☐，ED=☐ である。

80 チェバの定理

右の図において, x と y の
値を求めよ。

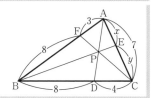

解 チェバの定理より

$$\frac{BD}{DC} \cdot \frac{CE}{EA} \cdot \frac{AF}{FB} = 1 \quad が成り立つ。$$

$$\frac{8}{4} \cdot \frac{y}{x} \cdot \frac{3}{8} = 1 \quad より \qquad 4x = 3y \cdots\cdots①$$

また, 条件より $\quad x + y = 7 \qquad \cdots\cdots②$

①, ②を解いて $\quad x = 3, \ y = 4$

←チェバの定理

$$\frac{①}{②} \cdot \frac{③}{④} \cdot \frac{⑤}{⑥} = 1$$

アドバイス ・・

- チェバの定理は, $\triangle ABC$ の辺 BC, CA, AB 上に D, E, F があり, 直線 AD, BE, CF が 1 点 P で交わるときに成り立つ式である。右図(ii)は D, E が辺の延長上にあるときで, P は $\triangle ABC$ の外部にくる。

 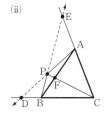

- (i), (ii)ともメネラウスの定理同様, 「頂点から次の頂点に交点を経由して一回り」と覚えよう。

これで 解 決 !

チェバの定理

$$\frac{BD}{DC} \cdot \frac{CE}{EA} \cdot \frac{AF}{FB} = 1$$

$$\frac{①}{②} \cdot \frac{③}{④} \cdot \frac{⑤}{⑥} = 1$$

(何番から始めてもよい)

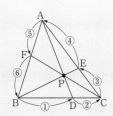 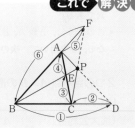

練習80 右の図において, x と y の値を
求めよ。

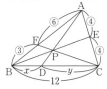

Challenge

　1辺の長さが9の正三角形 ABC がある。辺 AB 上に AD=4 となるように点 D を, 辺 AC 上に AE=6 となるように点 E をとる。BE と CD の交点を F, AF の延長と辺 BC との交点を G とするとき, CG=□ である。〈明治大〉

81 最大公約数・最小公倍数

最大公約数が 3, 最小公倍数が 90 の 2 数があり, それらの和は 33 である。この 2 数 A, B $(A < B)$ を求めよ。　　　　　　〈名古屋学院大〉

解　2 数 A, B は最大公約数が 3 だから

$$A = 3a \quad , \quad B = 3b$$

$(a, b$ は互いに素で, $a < b)$ と表せる。

最小公倍数は $3ab = 90$ より $ab = 30 \cdots\cdots$①

2 数の和は $3a + 3b = 33$ より $a + b = 11 \cdots\cdots$②

a, b は互いに素であり, ①, ②を満たすのは　　←$a + b = 11$ の組合せは

$a < b$ だから $a = 5$, $b = 6$　のとき。　　　　　　$(a, b) = (1, 10), (2, 9)$

よって, **$A = 15$, $B = 18$**　　　　　　　　　　　　　$(3, 8), (4, 7)$

　　　　　　　　　　　　　　　　　　　　　　　　　　　$(5, 6)$

別解　①, ②の連立方程式は, 次のように解いてもよい。

$$ab = 30 \cdots\cdots①, \quad a + b = 11 \cdots\cdots②$$

②より $b = 11 - a$　として①に代入して

$a(11 - a) = 30$　より　$a^2 - 11a + 30 = 0$

$(a - 5)(a - 6) = 0$　より　$a = 5, 6$

$a < b$ だから　$a = 5$, $b = 6$

アドバイス ・・・

- 例えば 2 つの数 12 と 18 は最大公約数が 6 だから $12 = 6 \times \boxed{2}$, $18 = 6 \times \boxed{3}$ と表すことができる。このとき最大公約数 6 に掛けられている 2 と 3 は互いに素である。

- このように, 2 数 A, B は最大公約数 G と互いに素な a, b を用いて, 次のように表される。

2数の最大公約数を
使って表すのか

これで 解 決 !

2 つの自然数 A, B の最大公約数と最小公倍数

G.C.D. $= G$

（最大公約数）　　　　　$A = Ga$

　　　　　　　　　　　　　　　　　　$\boxed{互いに素} \Longrightarrow L = Gab, \quad AB = LG$

L.C.M. $= L$　　　　　$B = Gb$

（最小公倍数）

■**練習81**　$A < B$ を満たす自然数 A と B の最大公約数が 13, 和が 117 である。(A, B) の組をすべて求めよ。　　　　　　〈東邦大〉

■ **Challenge**

2 つの 2 桁の自然数 A, B の積が 2646, 最小公倍数が 126 であるとき, 最大公約数, および A, B を求めよ。ただし, $A < B$ とする。　　　　　　〈愛知学院大〉

82 余りによる整数の分類

> m を整数とする。任意の整数 m について，m^2 を 3 で割った余りは 2 にならないことを示せ。 〈青山学院大〉

解
(i) $m=3k$ のとき

$m^2=(3k)^2=9k^2=3\cdot 3k^2$

よって，3 で割った余りは 0

(ii) $m=3k+1$ のとき

$m^2=(3k+1)^2=9k^2+6k+1=3(3k^2+2k)+1$

よって，3 で割った余りは 1

(iii) $m=3k+2$ のとき

$m^2=(3k+2)^2=9k^2+12k+4=3(3k^2+4k+1)+1$

よって，3 で割った余りは 1

(i)，(ii)，(iii)より m^2 を 3 で割った余りは 2 にならない。

←$3k$，$3k+1$，$3k+2$ のそれぞれの場合について調べることにより，すべての整数について調べたことになる。

アドバイス ....

- 整数の問題では，整数をどう表すかが point になる。
- 一般に，整数を割った余りでグループ分けして表す方法は，最も基本的な考え方なので知っておこう。例えば

　2 の倍数に関した問題は……$2k$，$2k+1$

　3 の倍数に関した問題は……$3k$，$3k+1$，$3k+2$

と表して，それぞれの場合について調べていく。

┌─ 3 で割ったときの余りで表す ─┐
$3k$ ：……，-3，0，3，6，……
$3k+1$：……，-2，1，4，7，……
$3k+2$：……，-4，-1，2，5，……
　すべての整数が網羅される。
└──────────────────┘

これで 解 決 !

整数に関する証明問題 ➡ 問題に合った整数の表し方で

　2 の倍数に関する問題：$2k$，$2k+1$

　3 の倍数に関する問題：$3k$，$3k+1$，$3k+2$

　4 の倍数に関する問題：$4k$，$4k+1$，$4k+2$，$4k+3$

■練習82 (1) 整数 a が 3 の倍数でないならば，a^2-1 は 3 の倍数であることを示せ。 〈関西学院大〉

(2) 整数 n を 4 で割ると 1 余るとき，n^2+7 が 8 の倍数であることを示せ。 〈北海道医療大〉

■ Challenge

n を自然数とする。このとき，n^2 を 4 で割った余りは 0 または 1 であることを示せ。 〈千葉大〉

83 互除法

(1) 互除法を利用して，95 と 133 の最大公約数を求めよ。

(2) 互除法を利用して，等式 $31x+9y=1$ を満たす整数 x, y の組を 1 つ求めよ。 〈岡山理科大〉

解 (1) 右の計算より

$133=95\times1+38$ ◀┈┈余り 38

$95=38\times2+19$ ◀┈┈余り 19

$38=19\times2$ ◀┈┈割り切れる。

よって，最大公約数は **19**

$$
\begin{array}{cccc}
& 2 & 2 & 1 \\
\boxed{19} & \boxed{38} & 95 & 133 \\
& 38 & 76 & 95 \\
& 0 & \boxed{19} & \boxed{38}
\end{array}
$$

(2) $31=9\times3+4$ ┈┈▶ $4=31-9\times3$ ……①

$9=4\times2+1$ ┈┈▶ $1=9-4\times2$ ……②

①を②に代入して

$1=9-(31-9\times3)\times2$

$=31\times(-2)+9\times7$

ゆえに，$31\times(-2)+9\times7=1$

よって，x, y の組の 1 つは $x=-2$, $y=7$

◀①，②より 31 と 9 を残すために 4 を消去する。

アドバイス ┈┈┈┈┈┈┈┈┈┈┈┈┈┈┈┈┈

・互除法は(1)のように，始めに大きい方の数を小さい方の数で割り，その余りで割った数を割っていく方法。

・これは，割った数と余りの公約数を求めていくもので最後に割り切れたときの値が，最大公約数になる。

(2)は，9 と 31 が互いに素なので，最後に余りが 1 になる。これから 1 つの解が求まる。

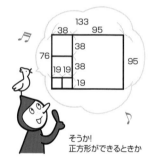

そうか！
正方形ができるときか

これで 解 決！

互除法 ➡ まず，（大きい数）÷（小さい数）を計算。余りで，割った数を順々に，割り切れるまで割っていく。

■練習83 (1) 1591 と 1517 の最大公約数を求めよ。 〈京都産大〉

(2) $\dfrac{7747}{8357}$ を約分せよ。 〈兵庫県立大〉

■ Challenge

互除法を利用して，次の等式を満たす整数 x, y の組を 1 組求めよ。

(1) $65x+31y=1$ 〈福井大〉 (2) $297x+139y=1$ 〈福島大〉

84　不定方程式 $ax+by=c$ の解

不定方程式 $3x+2y=5$ を満たす x, y の整数解をすべて求めよ。

〈城西大〉

解　$3x+2y=5$ の整数解の1つは $x=1$, $y=1$ だから　　◀整数解の1つを見つける。

$3x+2y=5$ ……①

$3\cdot1+2\cdot1=5$ ……②　　とする。　　◀整数解を代入した式をかく。

①−②より

$3(x-1)+2(y-1)=0$

$3(x-1)=2(1-y)$　　　◀$ax=by$ で，a と b が互いに素であるとき

2と3は互いに素であるから k を整数として　　　$x=bk$, $y=ak$

$x-1=2k$, $1-y=3k$　と表せる。　　　（k は整数）

よって，$x=2k+1$　$y=-3k+1$（k は整数）　　と表せる。

アドバイス ・・・

- $ax+by=c$ を満たす整数解を求めるには，まず，1
組の整数解を求めて，もとの方程式に代入する。そ
れから解答のように辺々を引けば，互いに素である
ことを利用して容易に求まる。
　1組の解は直感的に求めればよいが，係数が大きく
なるとなかなか求めにくいこともある。

まず,解を一つ
見つけて
$ax+by=c$

- そんなときは，$ax+by=1$ となる1つの解を互除法
で求めて，両辺を c 倍すればよい。

これで 解 決 !

$ax+by=c$ ……①　　の整数解は

$ax_0+by_0=c$ ……②　　となる整数解を1組見つける。

①−②より　$a(x-x_0)+b(y-y_0)=0$　をつくる。

$a(x-x_0)=b(y_0-y)$　より

解は，$x=bk+x_0$, $y=-ak+y_0$（k は整数）となる。

PS　整数解の表し方は1通りではない。k の与え方によっていろいろある。

練習84　次の不定方程式の整数解をすべて求めよ。

(1)　$9x+5y=1$　　〈山口大〉　　　　(2)　$13x+5y=-4$　　〈広島修道大〉

Challenge

　5で割ると1余り，14で割ると4余る自然数のうち，最小となるものは ☐ であり，3桁の自然数で最小となるものは ☐ である。

〈神戸薬科大〉

88

85 不定方程式 $xy+px+qy=r$ の整数解

方程式 $xy+3x+2y=1$ の整数解 $(x,\ y)$ をすべて求めよ。　〈立教大〉

解

$xy+3x+2y=1$　を変形して

$(x+2)(y+3)-6=1$

$(x+2)(y+3)=7\cdots\cdots$①

$x,\ y$ は整数だから①となるのは次の 4 組。

$x+2$	1	7	-1	-7
$y+3$	7	1	-7	-1

よって，これを満たす $(x,\ y)$ の組は

$(x,\ y)=(-1,\ 4),\ (5,\ -2),$

$\qquad\qquad (-3,\ -10),\ (-9,\ -4)$

←$xy+3x+2y=1$

$(x+\text{③})(y+\text{□})-○\cdot□=1$

$(x+2)(y+3)-2\cdot3=1$

　　　　　6

【6 を引いて相殺】

←表をつくって $(x,\ y)$ の組
を求めるのが明快。
例えば
$\begin{cases} x+2=1 \\ y+3=7 \end{cases}$ のとき $\begin{array}{l} x=-1 \\ y=4 \end{array}$

アドバイス ・・・・・・・・・・・・・・

• 不定方程式の整数解はこの解のように

　　(整数)×(整数)=(整数)

　の形をつくって整数の組合せを考える。

• 適当な整数を代入して見つける方法は基本
　的に正解とはいえない。(穴ウメ問題なら
　別だが。)

• また，分数の場合は，次のように分母を払
　ってから変形を考える。

$$\dfrac{1}{x}+\dfrac{1}{y}=\dfrac{1}{4}\ \xrightarrow[\text{に掛けて}]{4xy\ \text{を両辺}}\ 4y+4x=xy$$

これで 解決!

$xy+px+qy=r$　の整数解 ➡ $(x+q)(y+p)=c$ に変形

$\dfrac{a}{x}+\dfrac{b}{y}=1$　の整数解 ➡ 分母を払って $xy=bx+ay$

PS 自然数 (正の整数) は 1, 2, 3, ……, 整数は 0, ±1, ±2, ±3, ……

練習85 $xy+2x+y=3$ を満たす整数 $x,\ y$ の組のうち，xy が最大になるものは
$x=\boxed{},\ y=\boxed{}$ である。　〈大阪経大〉

Challenge

$\dfrac{1}{x}+\dfrac{1}{y}=\dfrac{1}{6}$ を満たす正の整数の組 $(x,\ y)$ のうち，x が最大になるときの y の値は
$\boxed{}$ である。　〈駒澤大〉

86　p 進法

(1)　5 進法で 1111 と表された数は 10 進法では ☐，3 進法では ☐ である。　〈名古屋女子大〉

(2)　10 進法で 2169 と表された数を何進法で表すと 999 になるか。　〈中央大〉

解

(1)　$1111_{(5)} = 1 \times 5^3 + 1 \times 5^2 + 1 \times 5 + 1$
　　　　　 $= 125 + 25 + 5 + 1$
　　　　　 $= \mathbf{156}$
　　　右の割り算より
　　　$156 = \mathbf{12210_{(3)}}$

```
3)156
3) 52 …0  ↑
3) 17 …1
3)  5 …2
    1 …2
```

(2)　2169 を p 進法で表すと 999 だから
　　　$9 \times p^2 + 9 \times p + 9 = 2169$　が成り立つ。
　　　　$p^2 + p + 1 = 241$
　　　　$(p-15)(p+16) = 0$　　　$p \geqq 10$ なので $p = 15$
　　　よって，**15 進法**

←999 と表される数は，
10 以上の進法なので
$p \geqq 10$ である。

アドバイス

• p 進法の問題ではまず，10 進法の表記の意味を理解することだ。10 進法では

$$365.24_{(10)} = 3 \times 10^2 + 6 \times 10 + 5 + 2 \times \frac{1}{10} + 4 \times \frac{1}{10^2}$$

の意味である。

• 逆に，10 進法で表された数を p 進法で表すには右の 2 進法の表し方にならって，p で順次割って余りを出せばよい。

```
2)13  余り
2) 6 …1
2) 3 …0
   1 …1
```
書く順序 $1101_{(2)}$

これで　解決！

p 進法の数を 10 進法で表すと

$$123.45_{(p)} \implies 1 \times p^2 + 2 \times p^1 + 3 \times p^0 + 4 \times \frac{1}{p^1} + 5 \times \frac{1}{p^2}$$

練習86　7 進法で表された数 $1515_{(7)}$ を 10 進法で表すと ☐ であり，10 進法で表された数 1515 を 7 進法で表すと ☐$_{(7)}$ である。　〈青山学院大〉

Challenge

10 進法で表された 80 を n 進法で表すと 212 になる。このとき，n を求めよ。　〈産業能率大〉

こ　た　え

1 (1) $-6x^2-7xy+20y^2$

(2) $a^2+4b^2+c^2+4ab-4bc-2ca$

(3) $a^4-8a^2b^2+16b^4$

(4) $8x^3+36x^2+54x+27$

Challenge -12

2 (1) $4x^4-17x^2+4$

(2) $a^2+b^2-c^2-d^2-2ab+2cd$

(3) $x^4-4x^3-7x^2+22x+24$

Challenge (1) $4ab$ (2) 26

3 (1) $(2x+3y)(3x-5y)$

(2) $(a+b)(ab-c)$

(3) $-(2x+3y-1)(2x-3y-1)$

(4) $(x+y+2)(x+3y-1)$

Challenge $(x+y)(x-y)(a+3)(a-3)$

4 (1) $(a-2b)(a+2b)(a^2+4b^2)$

(2) $(x^2+2x+2)(x^2+4x+2)$

(3) $(x-2)(x-6)(x^2-8x+10)$

Challenge $(a^2+ab+b^2)(a^2-ab+b^2)$

5 (1) $7-2\sqrt{3}$ (2) 1

Challenge (1) 2 (2) 20

6 (1) $xy=\dfrac{1}{2}$, $x^2y+xy^2=1$

(2) $x^2+y^2=34$, $\dfrac{y^2}{x}+\dfrac{x^2}{y}=198$

Challenge $14,\ 52$

7 (1) 2 (2) $\sqrt{7}-\sqrt{3}$

Challenge 3

8 $a=3$, $b=\sqrt{3}-1$, $a^2+6ab+9b^2=27$

Challenge $12,\ 12$

9 (1) $x=1$, $y=2$, $z=4$

(2) $x=\dfrac{3}{2}$, $y=\dfrac{1}{2}$, $z=-\dfrac{1}{2}$

Challenge $x=\pm1$, $y=\pm2$, $z=\pm3$ (複号同順)

10 (1) $\sqrt{10}-3$

(2) $|x+5|=\begin{cases} x+5 & (x\geqq-5) \\ -x-5 & (x<-5) \end{cases}$

(3) $|2x-3|=\begin{cases} 2x-3 & \left(x\geqq\dfrac{3}{2}\right) \\ -2x+3 & \left(x<\dfrac{3}{2}\right) \end{cases}$

Challenge $-9x-3,\ x+27,\ 9x+3$

11 (1)

(2)

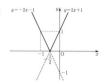

Challenge

$\begin{cases} y=2x-6 & (x\geqq2) \\ y=-2x & (x<2) \end{cases}$

$y=|f(x)|$ のグラフは右の下図

12 (1)

(2)

Challenge

13 (1) $4,\ -3$

(2) $-(x-2)^2-1$

$(x+2)^2+1$

$-(x+2)^2-1$

Challenge $2,\ 20$

14 (1) $y=2(x-3)^2-9$

(2) $y=-2(x-1)^2+3$

(3) $y=-2x^2+8x-6$

Challenge $y=(x-1)^2+3$

15 (1) $y=3x^2-5x-10$

(2) $y=3x^2+9x+3$

Challenge $a=1$, $b=-2$, $c=4$

$(2,\ 4)$

16 (1) $x=0$ のとき最大値 9
　　　　$x=4$ のとき最小値 -7
(2) $a=4$, 最小値 1

Challenge $a=\dfrac{1}{2}$, $b=-\dfrac{3}{2}$

17 $0<a<3$ のとき $x=a$ で最小値 $a^2-6a+10$
$3\leqq a$ のとき $x=3$ で最小値 1
$0<a<6$ のとき $x=0$ で最大値 10
$a=6$ のとき $x=0$, 6 で最大値 10
$6<a$ のとき $x=a$ で最大値 $a^2-6a+10$

Challenge
$-1<a<1$ のとき $x=a$ で最大値 $-a^2+2a+2$
$1\leqq a$ のとき $x=1$ で最大値 3
$-1<a<3$ のとき $x=-1$ で最小値 -1
$a=3$ のとき $x=-1$, 3 で最小値 -1
$3<a$ のとき $x=a$ で最小値 $-a^2+2a+2$

18 $a<0$ のとき $x=0$ で $m=a^2+1$
$0\leqq a\leqq 2$ のとき $x=a$ で $m=1$
$2<a$ のとき $x=2$ で $m=a^2-4a+5$

Challenge
$a<0$ のとき $x=1$ で $M=a^2-2a+2$
$a=0$ のとき $x=1$, -1 で $M=2$
$0<a$ のとき $x=-1$ で $M=a^2+2a+2$

19 4, 6

Challenge $-6<a<-2$

20 $1<a<9$

Challenge $k<-1$

21 (1) $2\pm\sqrt{2}$　　(2) $\dfrac{3\pm\sqrt{15}}{2}$

(3) $\dfrac{2\pm\sqrt{14}}{2}$

Challenge $\sqrt{2-k^2}$

22 (1) $k<1$, $2<k$　　(2) $m=-\dfrac{3}{4}$, 1

Challenge 4, 4, 1, 0, 2

23 $k=-2$, 1

24 (1) $x>3$　　(2) $-2<x<3$

Challenge (1) $a>2$ のとき $x>-\dfrac{3}{a-2}$

$a<2$ のとき $x<-\dfrac{3}{a-2}$

$a=2$ のとき x はすべての実数
(2) $a=0$, $b=-8$

25 (1) $x<-\dfrac{7}{3}$, $2<x$

(2) $2-\sqrt{3}<x<2+\sqrt{3}$

(3) $x<\dfrac{2-\sqrt{2}}{2}$, $\dfrac{2+\sqrt{2}}{2}<x$

(4) すべての実数

Challenge 9, 7

26 (1) $-2<x\leqq -1$

(2) $-3<x<-\dfrac{3}{2}$, $2<x<5$

Challenge $-6<a\leqq 0$, $1\leqq a<6$

27 $a>0$ のとき $x<-2a$, $\dfrac{a}{2}<x$

$a<0$ のとき $x<\dfrac{a}{2}$, $-2a<x$

$a=0$ のとき $x\neq 0$ のすべての実数

Challenge $a=3$, $b=5$

28 $11\leqq a<13$

Challenge -7, -6, 0, 1

29 $4<a<8$

Challenge $3<a\leqq\dfrac{7}{2}$

30 (1) $1<x<2$　　(2) $x=0$, $\dfrac{1}{2}$

Challenge (1) $\dfrac{4}{5}<x<6$

(2) $x=2-\sqrt{5}$, 1, $\sqrt{5}$

31 $C=\{x\,|\,x\leqq 2, 6\leqq x\}$, $A\cap C=\{x\,|\,0<x\leqq 2\}$

Challenge $A\cap C=\{x\,|\,4<x<5\}$,
$A\cup\overline{C}=\{x\,|\,-1\leqq x<5\}$

32 (1) $0\leqq a\leqq 1$　　(2) $-1<a<2$

Challenge (1) $0<a<\dfrac{1}{2}$　　(2) $a\geqq 1$

33 8, 33

Challenge 75, 38

34 (1) 「$a\neq 1$ または $b\neq 2$」
(2) 「ある x について $x^2-1\leqq 0$」
(3) 「m, n はともに偶数」

Challenge (1) 「$a+b\leqq 0$ ならば $a\leqq 0$
または $b\leqq 0$ である」
(2) 「$(x-1)(y-2)\neq 0$ ならば $x\neq 1$ かつ
$y\neq 2$ である」

35 (1) 十分条件　　(2) 必要条件
(3) 必要十分条件
(4) 必要条件でも十分条件でもない

Challenge (1) 必要条件
(2) 十分条件

36 (1) $\sin\theta=\dfrac{\sqrt{10}}{10}$, $\cos\theta=\dfrac{3\sqrt{10}}{10}$,

$\tan\theta=\dfrac{1}{3}$

(2) BD$=2\sqrt{3}$, AD$=6$, $\tan C=2+\sqrt{3}$

Challenge (1) $\dfrac{2\sqrt{3}}{3}$ (2) $30°$

(3) 4

37 (1) 1 (2) $\dfrac{2-\sqrt{3}}{4}$

Challenge 0

38 $\dfrac{\sqrt{21}}{5}$, $-\dfrac{\sqrt{21}}{2}$

Challenge $\dfrac{\sqrt{5}}{5}$, $-\dfrac{2\sqrt{5}}{5}$

39 $-\dfrac{2}{5}$, $-\dfrac{5}{2}$, $\dfrac{7\sqrt{5}}{25}$

Challenge $\dfrac{3}{8}$, $\dfrac{\sqrt{7}}{2}$

40 (1) $\theta=120°$ (2) $150°<\theta\leqq180°$

(3) $\theta=75°$ (4) $90°<\theta<150°$

Challenge $\theta=60°$, $180°$

41 0, 1, 3, 2

Challenge $60°$, $\dfrac{5}{4}$, $180°$, -1

42 (1) $\dfrac{5\sqrt{2}}{2}$, $\dfrac{5\sqrt{2}}{2}$ (2) $\dfrac{\sqrt{10}}{4}$

Challenge $\dfrac{5}{7}$

43 (1) $\sqrt{37}$ (2) $60°$, $4\sqrt{3}$

Challenge 2, 4

44 (1) $\dfrac{1}{8}$ (2) $\dfrac{15\sqrt{7}}{4}$

Challenge 7, $14\sqrt{3}$, $\sqrt{3}$

45 $\dfrac{12\sqrt{3}}{5}$

Challenge BP$=3$, AP$=3\sqrt{2}$

46 $\sqrt{11}$, 3

Challenge $\cos A=\dfrac{1}{2}$, $S=6\sqrt{3}$

47 (1) AH$=\dfrac{\sqrt{3}}{3}$, OH$=\dfrac{\sqrt{6}}{3}$

(2) $\sqrt{x^2-x+\dfrac{1}{3}}$

Challenge (1) $\dfrac{1}{6}\sqrt{6x^2-6x+2}$

(2) $\dfrac{\sqrt{2}}{12}$

48 (1) $x=3$, $y=2$ (2) $x=1$, $y=4$

Challenge $x=1$, 2, 3, 4

49 (1) 正しいとはいえない

(2) 正しいとはいえない

(3) 正しい

Challenge いえる

50 $\overline{x}=8$, $s^2=10$, $s=\sqrt{10}$

Challenge $\overline{x}=8$, $s^2=13$

51 $s_{xy}=\dfrac{9}{5}$

Challenge $r=0.45$

52 効果があったといえる

Challenge 効果があったとはいえない

53 9通り

Challenge 22通り

54 (1) 70, 1680

(2) 286通り, 1716通り

Challenge (1) 504個 (2) 84通り

55 (1) (i) 30240通り (ii) 30240通り

(2) 72個

Challenge 1440, 360

56 (1) 720通り (2) 240通り

Challenge 72, 24

57 (1) 256 (2) 81通り

Challenge 180個

58 420, 300, 20

Challenge 360個

59 (1) 30 (2) 15 (3) 46

Challenge 570

60 1680, 280

Challenge 70

61 126, 96

Challenge 1140, 800

62 $\dfrac{5}{36}$, $\dfrac{1}{12}$

Challenge $\dfrac{5}{12}$

63 $\dfrac{1}{5}$

Challenge $\dfrac{2}{11}$

64 (1) $\dfrac{1}{4}$ (2) $\dfrac{1}{6}$ (3) $\dfrac{1}{3}$

Challenge　(1) $\dfrac{1}{3}$　(2) $\dfrac{5}{9}$

(3) $\dfrac{7}{9}$

65　(1) $\dfrac{1}{36}$　(2) $\dfrac{5}{18}$　(3) $\dfrac{1}{9}$

(4) $\dfrac{1}{9}$

Challenge　$\dfrac{4}{7}$, $\dfrac{2}{7}$, $\dfrac{1}{35}$

66　(1) $\dfrac{2}{7}$　(2) $\dfrac{5}{84}$　(3) $\dfrac{55}{84}$

Challenge　$\dfrac{27}{55}$

67　(1) $\dfrac{37}{44}$　(2) $\dfrac{17}{24}$

Challenge　$\dfrac{5}{11}$

68　(1) $\dfrac{1}{7}$　(2) $\dfrac{4}{7}$

Challenge　$\dfrac{1}{5}$, $\dfrac{8}{15}$

69　(1) $\dfrac{13}{18}$　(2) $\dfrac{19}{27}$, $\dfrac{61}{216}$

Challenge　$\dfrac{65}{81}$

70　(1) $\dfrac{5}{16}$　(2) $\dfrac{12}{125}$

Challenge　$\dfrac{27}{256}$

71　(1) $\dfrac{1}{3}$　(2) $\dfrac{2}{9}$　(3) $\dfrac{7}{30}$

Challenge　$\dfrac{4}{15}$

72　(1) $\dfrac{5}{9}$　(2) $\dfrac{3}{5}$

Challenge　$\dfrac{9}{19}$

73　65

Challenge　6

74　(1) 4　(2) $2\sqrt{2}$

Challenge　$\dfrac{2\sqrt{13}}{3}$

75　(1) $x=40°$, $y=120°$

(2) $x=53°$

Challenge　24, 156

76　(1) $x=30°$, $y=130°$

(2) $x=5$, $y=25°$

Challenge　$x=10°$, $y=28°$

77　(1) $\dfrac{20}{3}$　(2) 7

Challenge　(1) 6　(2) $\dfrac{27}{2}$

78　(1) $x=5$

(2) $x=5$, $y=10\sqrt{2}$

Challenge

$\begin{cases} 0 \leqq d < 2,\ 12 < d \text{ のとき，共有点は } 0 \text{ 個} \\ d=12,\ d=2 \quad \text{ のとき，共有点は } 1 \text{ 個} \\ 2 < d < 12 \qquad \text{ のとき，共有点は } 2 \text{ 個} \end{cases}$

79　2

Challenge　2, 3

80　$x=4$, $y=8$

Challenge　$\dfrac{18}{7}$

81　$(13,\ 104)$, $(26,\ 91)$, $(52,\ 65)$

Challenge　最大公約数 21, $A=42$,

$B=63$

82　(1) k を整数として，3 の倍数でない a

を次の(i), (ii)で表すと

(i)　$a=3k+1$ のとき

$\qquad a^2-1=(3k+1)^2-1$

$\qquad\qquad =9k^2+6k+1-1=3(3k^2+2k)$

よって，3 の倍数になる。

(ii)　$a=3k+2$ のとき

$\qquad a^2-1=(3k+2)^2-1$

$\qquad\qquad =9k^2+12k+4-1$

$\qquad\qquad =3(3k^2+4k+1)$

よって，3 の倍数になる。

(i), (ii)により，題意は示された。

(2)　k を整数として　$n=4k+1$　と表すと

$\qquad n^2+7=(4k+1)^2+7$

$\qquad\qquad =16k^2+8k+1+7$

$\qquad\qquad =8(2k^2+k+1)$

よって，8 の倍数になるから示された。

Challenge　$n=4k$, $4k+1$, $4k+2$,

$4k+3$ $(k=0,\ 1,\ 2,\ 3,\ \cdots\cdots)$ で表す。

(i)　$n=4k$ のとき

$\qquad n^2=(4k)^2=4(4k^2)$

よって，4 で割った余りは 0

(ii)　$n=4k+1$ のとき

$\qquad n^2=(4k+1)^2=16k^2+8k+1$

$\qquad\qquad =4(4k^2+2k)+1$

よって，4 で割った余りは 1

94

(iii)　$n=4k+2$ のとき

$\qquad n^2=(4k+2)^2=16k^2+16k+4$

$\qquad\qquad =4(4k^2+4k+1)$

　　よって，4 で割った余りは 0

(iv)　$n=4k+3$ のとき

$\qquad n^2=(4k+3)^2=16k^2+24k+9$

$\qquad\qquad =4(4k^2+6k+2)+1$

　　よって，4 で割った余りは 1

ゆえに，(i)～(iv)で題意は示された。

83　(1)　37　　(2)　$\dfrac{127}{137}$

Challenge　　　(1)　$x=-10,\ y=21$

(2)　$x=22,\ y=-47$

84　(1)　$x=5k-1,\ y=-9k+2$　（k は整数）

(2)　$x=5k+2,\ y=-13k-6$　（k は整数）

Challenge　　　46，116

85　$x=-6,\ y=-3$

Challenge　　　7

86　$1515_{(7)}=600_{(10)}$，$1515_{(10)}=4263_{(7)}$

Challenge　　　$n=6$

短期集中ゼミ　数学Ⅰ+A　Express

1　(1)　$(2x+5y)(-3x+4y)$
$=-6x^2+(8-15)xy+20y^2$
$=\boldsymbol{-6x^2-7xy+20y^2}$

(2)　$(a+2b-c)^2$
$=a^2+(2b)^2+(-c)^2+2\cdot a\cdot 2b+2\cdot 2b\cdot(-c)+2\cdot(-c)\cdot a$
$=\boldsymbol{a^2+4b^2+c^2+4ab-4bc-2ca}$

◔ $(○+□+△)^2$ の公式に代入した
式をきちんとかく。

(3)　$(a-2b)^2(a+2b)^2$
$=\{(a-2b)(a+2b)\}^2$
$=(a^2-4b^2)^2$
$=\boldsymbol{a^4-8a^2b^2+16b^4}$

◔ $(\ )^2(\ )^2$
$=\{(\ )(\ )\}^2$ とできる。

(4)　$(2x+3)^3$
$=(2x)^3+3\cdot(2x)^2\cdot 3+3\cdot 2x\cdot 3^2+3^3$
$=\boldsymbol{8x^3+36x^2+54x+27}$

◔ $(○+□)^3$ の公式に代入した式を
きちんとかく。

Challenge

$(2x^2-3x+4)^2$
$=(2x^2)^2+(-3x)^2+4^2+2\cdot 2x^2\cdot(-3x)+2\cdot(-3x)\cdot 4+2\cdot 4\cdot 2x^2$
$=4x^4+9x^2+16-12x^3-24x+16x^2$
$=4x^4\boldsymbol{-12x^3}+25x^2-24x+16$
よって，x^3 の係数は $\boldsymbol{-12}$

◔ $2x^2-3x+4$ として公式に代入。
$(a+b+c)^2$
$=a^2+b^2+c^2+2ab+2bc+2ca$

別解
上の展開公式がわかっていれば，x^3 の項をいきなり
$2\cdot(2x^2)\cdot(-3x)=-12x^3$
として求めてもよい。
また
$$\underset{-6x^3}{\underbrace{(2x^2-3x+4)(2x^2-3x+4)}^{-6x^3}}$$
上のように，x^3 だけの項を取り出して求めてもよい。

2　(1)　$(2x+1)(x+2)(2x-1)(x-2)$
$=(2x+1)(2x-1)(x+2)(x-2)$
$=(4x^2-1)(x^2-4)$
$=\boldsymbol{4x^4-17x^2+4}$

◔ 因数の組合せを考えて，公式が
使えるようにする。

(2)　$(a-b-c+d)(a-b+c-d)$
$=\{(a-b)-(c-d)\}\{(a-b)+(c-d)\}$
$=(a-b)^2-(c-d)^2$
$=a^2-2ab+b^2-(c^2-2cd+d^2)$
$=\boldsymbol{a^2+b^2-c^2-d^2-2ab+2cd}$

◔ 同符号の a, b と異符号の c, d
を 1 つにまとめて
$(A+B)(A-B)=A^2-B^2$
が使えるように変形する。

(3) $(x+1)(x+2)(x-3)(x-4)$
$=(x+1)(x-3)(x+2)(x-4)$
$=(x^2-2x-3)(x^2-2x-8)$
$x^2-2x=A$ とおくと
$=(A-3)(A-8)$
$=A^2-11A+24$
$=(x^2-2x)^2-11(x^2-2x)+24$
$=x^4-4x^3+4x^2-11x^2+22x+24$
$=\boldsymbol{x^4-4x^3-7x^2+22x+24}$

$(x+1)(x+2)(x-3)(x-4)$
$x^2+3x+2 \quad x^2-7x+12$
x^2-3x-4
$(x+1)(x+2)(x-3)(x-4)$
x^2-x-6
上のような組合せの展開では次
につながる工夫ができない。

Challenge

(1) $(a+b+c)(a+b-c)-(a-b+c)(a-b-c)$
$=\{(a+b)+c\}\{(a+b)-c\}-\{(a-b)+c\}\{(a-b)-c\}$
$=(a+b)^2-c^2-\{(a-b)^2-c^2\}$
$=a^2+2ab+b^2-(a^2-2ab+b^2)$
$=\boldsymbol{4ab}$

◖ 同符号の a, b を1つにまとめて
$(A+B)(A-B)=A^2-B^2$
が使えるように変形

(2) $(x-1)(x+3)(x^2+x+1)(x^2-3x+9)$
$=(x-1)(x^2+x+1)(x+3)(x^2-3x+9)$
$=(x^3-1)(x^3+27)$
$=x^6+26x^3-27$
よって，x^3 の係数は **26**

◖ 因数の組合せを考えて，公式が
使えるようにする。
$(a+b)(a^2-ab+b^2)=a^3+b^3$
$(a-b)(a^2+ab+b^2)=a^3-b^3$

3 (1) $6x^2-xy-15y^2$
よって，$\boldsymbol{(2x+3y)(3x-5y)}$

2	3	9
3	-5	-10
		-1

(2) $a^2b+ab^2-ac-bc$
$=a^2b+ab^2-(a+b)c$
$=ab(a+b)-(a+b)c$
$=\boldsymbol{(a+b)(ab-c)}$

◖ a, b, c のうち c の次数が一番低
いので，まず c で整理する。

別解

$a^2b+ab^2-ac-bc$
$=ba^2+(b^2-c)a-bc$
$=(a+b)(ba-c)$
$=\boldsymbol{(a+b)(ab-c)}$

1	b	b^2
b	$-c$	$-c$
		b^2-c

◖ a の2次式として整理する。
2次式 → タスキ掛けを試みる。

ある文字の2次式は，たいていタ
スキ掛けで因数分解できる。

(3) $-4x^2+4x+9y^2-1$
$=-(4x^2-4x+1)+9y^2$
$=(3y)^2-(2x-1)^2$
$=(3y+2x-1)(3y-2x+1)$
$=\boldsymbol{-(2x+3y-1)(2x-3y-1)}$
（$(2x+3y-1)(-2x+3y+1)$ でもよい。）

(4) $x^2+4xy+3y^2+x+5y-2$
$=x^2+(4y+1)x+3y^2+5y-2$
$=x^2+(4y+1)x+(y+2)(3y-1)$
$=\boldsymbol{(x+y+2)(x+3y-1)}$

1	$y+2$	$y+2$
1	$3y-1$	$3y-1$
		$4y+1$

◖ x についての2次式として整理
した。

別 解

$3y^2+(4x+5)y+x^2+x-2$

$=3y^2+(4x+5)y+(x+2)(x-1)$

$=(y+x+2)(3y+x-1)$

$=\boldsymbol{(x+y+2)(x+3y-1)}$

$$
\begin{array}{lll}
1 & x+2 & \cdots\cdots 3x+6 \\
3 & x-1 & \cdots\cdots\ x-1 \\
\hline
& & 4x+5
\end{array}
$$

◆ y についての 2 次式として整理してもできる。

◆ 答えは整理した形でかく。

Challenge

$(ax-3y)^2-(ay-3x)^2$

$=\{(ax-3y)+(ay-3x)\}\{(ax-3y)-(ay-3x)\}$

$=(ax-3y+ay-3x)(ax-3y-ay+3x)$

$=\{a(x+y)-3(x+y)\}\{a(x-y)+3(x-y)\}$

$=(x+y)(a-3)(x-y)(a+3)$

$=\boldsymbol{(x+y)(x-y)(a+3)(a-3)}$

◆ $(ax-3y)^2-(ay-3x)^2$
$X=ax-3y,\ Y=ay-3x$
とおくと
$X^2-Y^2=(X+Y)(X-Y)$

◆ 答えは形よく整理する。

別 解

$(ax-3y)^2-(ay-3x)^2$

$=a^2x^2-6axy+9y^2-(a^2y^2-6axy+9x^2)$

$=a^2x^2+9y^2-a^2y^2-9x^2$

$=a^2(x^2-y^2)-9(x^2-y^2)$

$=(x^2-y^2)(a^2-9)$

$=\boldsymbol{(x+y)(x-y)(a+3)(a-3)}$

◆ 展開してから因数分解することもできるが，一般的には上の解法のように，公式の形を利用した方がよいだろう。

4 (1) a^4-16b^4

$a^2=A,\ 4b^2=B$ とおくと

$A^2-B^2=(A+B)(A-B)$

$=(a^2-4b^2)(a^2+4b^2)$

$=\boldsymbol{(a-2b)(a+2b)(a^2+4b^2)}$

◆ a^4-16b^4
$(a^2)^2\ (4b^2)^2$
$A^2-B^2=(A+B)(A-B)$

(2) $(x^2+x+2)(x^2+5x+2)+3x^2$

$x^2+2=X$ とおくと

$=(X+x)(X+5x)+3x^2$

$=X^2+6xX+5x^2+3x^2$

$=X^2+6xX+8x^2$

$=(X+2x)(X+4x)$

$=(x^2+2+2x)(x^2+2+4x)$

$=\boldsymbol{(x^2+2x+2)(x^2+4x+2)}$

◆ $(x^2+x+2)(x^2+5x+2)+3x^2$
$\underset{X}{\underbrace{\ }}\quad\underset{X}{\underbrace{\ }}$

◆ $\begin{array}{lll} 1 & 2x & 2x \\ 1 & 4x & 4x \\ \hline & & 6x \end{array}$

(3) $(x-1)(x-3)(x-5)(x-7)+15$

$=(x^2-8x+7)(x^2-8x+15)+15$

$x^2-8x=X$ とおくと

$=(X+7)(X+15)+15$

$=X^2+22X+120$

$=(X+12)(X+10)$

$=(x^2-8x+12)(x^2-8x+10)$

$=\boldsymbol{(x-2)(x-6)(x^2-8x+10)}$

◆ $(x-1)(x-3)(x-5)(x-7)+15$
$\overset{x^2-8x+7}{\frown}\qquad\overset{x^2-8x+15}{\frown}$

X とおけるような同類項が出てくるように，展開する組合せを考える。

Challenge

$$a^4 + a^2b^2 + b^4$$
$$= a^4 + 2a^2b^2 + b^4 - a^2b^2$$
$$= (a^2 + b^2)^2 - (ab)^2$$
$$= (a^2 + b^2 + ab)(a^2 + b^2 - ab)$$
$$\boldsymbol{= (a^2 + ab + b^2)(a^2 - ab + b^2)}$$

⟲ $a^2 = X$，$b^2 = Y$ とおいて
　$X^2 + XY + Y^2$ としても因数分解できない。

⟲ $A^2 - B^2$ の形にする。

⟲ 答えは形よく整理する。

5 (1) $\dfrac{5\sqrt{6} + \sqrt{2}}{\sqrt{6} + \sqrt{2}}$

$$= \dfrac{(5\sqrt{6} + \sqrt{2})(\sqrt{6} - \sqrt{2})}{(\sqrt{6} + \sqrt{2})(\sqrt{6} - \sqrt{2})}$$

$$= \dfrac{30 - 10\sqrt{3} + 2\sqrt{3} - 2}{6 - 2}$$

$$= \dfrac{28 - 8\sqrt{3}}{4} = \boldsymbol{7 - 2\sqrt{3}}$$

(2) $\dfrac{4}{3 + \sqrt{5}} + \dfrac{1}{2 + \sqrt{5}}$

$$= \dfrac{4(3 - \sqrt{5})}{(3 + \sqrt{5})(3 - \sqrt{5})} + \dfrac{2 - \sqrt{5}}{(2 + \sqrt{5})(2 - \sqrt{5})}$$

$$= \dfrac{4(3 - \sqrt{5})}{9 - 5} + \dfrac{2 - \sqrt{5}}{4 - 5}$$

$$= 3 - \sqrt{5} - 2 + \sqrt{5} = \boldsymbol{1}$$

Challenge

(1) $\dfrac{(\sqrt{11} - \sqrt{2} + 3)(\sqrt{11} + \sqrt{2} - 3)}{3\sqrt{2}}$

$$= \dfrac{\{\sqrt{11} - (\sqrt{2} - 3)\}\{\sqrt{11} + (\sqrt{2} - 3)\}}{3\sqrt{2}}$$

$$= \dfrac{11 - (\sqrt{2} - 3)^2}{3\sqrt{2}} = \dfrac{11 - (2 - 6\sqrt{2} + 9)}{3\sqrt{2}}$$

$$= \dfrac{6\sqrt{2}}{3\sqrt{2}} = \boldsymbol{2}$$

⟲ 分子の展開を工夫して行う。
　$-\sqrt{2} + 3 = -(\sqrt{2} - 3)$
　とする見方が Point
　$(a + b)(a - b) = a^2 - b^2$
　が利用できる。

(2) $(\sqrt{2} + \sqrt{3} + \sqrt{7})(\sqrt{2} + \sqrt{3} - \sqrt{7})(\sqrt{2} - \sqrt{3} + \sqrt{7})(-\sqrt{2} + \sqrt{3} + \sqrt{7})$

$$= \{(\sqrt{2} + \sqrt{3}) + \sqrt{7}\}\{(\sqrt{2} + \sqrt{3}) - \sqrt{7}\}\{\sqrt{7} + (\sqrt{2} - \sqrt{3})\}\{\sqrt{7} - (\sqrt{2} - \sqrt{3})\}$$

$$= \{(\sqrt{2} + \sqrt{3})^2 - (\sqrt{7})^2\}\{(\sqrt{7})^2 - (\sqrt{2} - \sqrt{3})^2\}$$

$$= (5 + 2\sqrt{6} - 7)(7 - 5 + 2\sqrt{6})$$

$$= (2\sqrt{6} - 2)(2\sqrt{6} + 2)$$

$$= (2\sqrt{6})^2 - 2^2$$

$$= 24 - 4 = \boldsymbol{20}$$

6 (1) $xy = \dfrac{1}{2 - \sqrt{2}} \cdot \dfrac{1}{2 + \sqrt{2}} = \dfrac{1}{4 - 2} = \boldsymbol{\dfrac{1}{2}}$

$$x+y = \frac{1}{2-\sqrt{2}} + \frac{1}{2+\sqrt{2}}$$

$$= \frac{2+\sqrt{2}}{(2-\sqrt{2})(2+\sqrt{2})} + \frac{2-\sqrt{2}}{(2-\sqrt{2})(2+\sqrt{2})}$$

$$= \frac{4}{4-2} = 2$$

$$x^2y + xy^2 = xy(x+y)$$

$$= \frac{1}{2} \cdot 2 = \mathbf{1}$$

(2)　$x+y = (3+2\sqrt{2}) + (3-2\sqrt{2}) = 6$

$xy = (3+2\sqrt{2})(3-2\sqrt{2}) = 9-8 = 1$

$\boldsymbol{x^2 + y^2} = (x+y)^2 - 2xy$

$$= 6^2 - 2 \cdot 1 = 36 - 2 = \mathbf{34}$$

$$\frac{\boldsymbol{y^2}}{\boldsymbol{x}} + \frac{\boldsymbol{x^2}}{\boldsymbol{y}} = \frac{y^3 + x^3}{xy}$$

$$= \frac{(x+y)^3 - 3xy(x+y)}{xy}$$

$$= \frac{6^3 - 3 \cdot 1 \cdot 6}{1} = 216 - 18 = \mathbf{198}$$

> ─── 対称式の基本変形 ───
> $x^2 + y^2 = (x+y)^2 - 2xy$
> $x^3 + y^3 = (x+y)^3 - 3xy(x+y)$
>
> 対称式の基本変形は，次の展開公式から得られる。
> $(x+y)^2 = x^2 + 2xy + y^2$ より
> $x^2 + y^2 = (x+y)^2 - 2xy$
>
> $(x+y)^3 = x^3 + 3x^2y + 3xy^2 + y^3$ より
> $x^3 + y^3 = (x+y)^3 - 3x^2y - 3xy^2$
> $\qquad = (x+y)^3 - 3xy(x+y)$

Challenge

$$x^2 + \frac{1}{x^2} = \left(x + \frac{1}{x}\right)^2 - 2x \cdot \frac{1}{x}$$

$$= 4^2 - 2 = \mathbf{14}$$

別解

$\left(x + \dfrac{1}{x}\right)^2 = 4^2$　より　$x^2 + 2x \cdot \dfrac{1}{x} + \dfrac{1}{x^2} = 16$

$$x^2 + \frac{1}{x^2} = 16 - 2 = \mathbf{14}$$

$$x^3 + \frac{1}{x^3} = \left(x + \frac{1}{x}\right)^3 - 3x \cdot \frac{1}{x}\left(x + \frac{1}{x}\right)$$

$$= 4^3 - 3 \cdot 4 = 64 - 12$$

$$= \mathbf{52}$$

別解

$$x^3 + \frac{1}{x^3} = \left(x + \frac{1}{x}\right)\left(x^2 - x \cdot \frac{1}{x} + \frac{1}{x^2}\right)$$

$$= 4(14 - 1) = \mathbf{52}$$

◆ 対称式を使って
$a^2 + b^2 = (a+b)^2 - 2ab$
$$x^2 + \frac{1}{x^2} = \left(x + \frac{1}{x}\right)^2 - 2x \cdot \frac{1}{x}$$
$$= \left(x + \frac{1}{x}\right)^2 - 2$$

◆ 対称式を使った変形。
$a^3 + b^3 = (a+b)^3 - 3ab(a+b)$
$$x^3 + \frac{1}{x^3} = \left(x + \frac{1}{x}\right)^3 - 3x \cdot \frac{1}{x}\left(x + \frac{1}{x}\right)$$
$$= \left(x + \frac{1}{x}\right)^3 - 3\left(x + \frac{1}{x}\right)$$

◆ $a^3 + b^3 = (a+b)(a^2 - ab + b^2)$
の因数分解を利用。

7　(1)　$\sqrt{6 + 2\sqrt{5}} - \sqrt{6 - 2\sqrt{5}}$

$$= \sqrt{(5+1) + 2\sqrt{5 \times 1}} - \sqrt{(5+1) - 2\sqrt{5 \times 1}}$$

$$= (\sqrt{5} + 1) - (\sqrt{5} - 1)$$

$$= \mathbf{2}$$

(2)　$\sqrt{10 - \sqrt{84}}$

$$= \sqrt{10 - 2\sqrt{21}}$$

◆ $\sqrt{\bigcirc - 2\sqrt{\bullet}}$ の形にする。

$$= \sqrt{(7+3)-2\sqrt{7\times3}}$$
$$= \sqrt{7}-\sqrt{3}$$

Challenge

$$\sqrt{11+4\sqrt{7}} = \sqrt{11+2\sqrt{4\times7}}$$
$$= \sqrt{(7+4)+2\sqrt{4\times7}}$$
$$= \sqrt{7}+\sqrt{4}$$
$$\sqrt{11-4\sqrt{7}} = \sqrt{(7+4)-2\sqrt{4\times7}}$$
$$= \sqrt{7}-\sqrt{4}$$

よって，$a=7$，$b=4$
ゆえに，$a-b=3$

別解

$$(\sqrt{a}+\sqrt{b})(\sqrt{a}-\sqrt{b}) = \sqrt{11+4\sqrt{7}}\times\sqrt{11-4\sqrt{7}}$$
$$= \sqrt{11^2-(4\sqrt{7})^2}$$
$$= \sqrt{121-112}=\sqrt{9}=3$$

よって，$a-b=3$

8
$$\frac{\sqrt{3}+1}{\sqrt{3}-1} = \frac{(\sqrt{3}+1)^2}{(\sqrt{3}-1)(\sqrt{3}+1)}$$
$$= \frac{3+2\sqrt{3}+1}{3-1}=\frac{4+2\sqrt{3}}{2}$$
$$= 2+\sqrt{3}$$

$1<\sqrt{3}<2$ だから
$$3<2+\sqrt{3}<4$$
よって，整数部分 a は　$a=3$
　　　　小数部分 b は　$b=2+\sqrt{3}-3=\sqrt{3}-1$
$a^2+6ab+9b^2$
$$= (a+3b)^2=\{3+3(\sqrt{3}-1)\}^2$$
$$= (3\sqrt{3})^2=27$$

⟲ まず，有理化をする。

⟲ $\sqrt{3}$ を自然数で挟み込む。

⟲ 各辺に 2 を加えて $2+\sqrt{3}$ を挟み込む。

⟲ 直接代入してもよい。
$$3^2+6\cdot3(\sqrt{3}-1)+9(\sqrt{3}-1)^2$$
$$= 9+18\sqrt{3}-18+9(3-2\sqrt{3}+1)$$
$$= -9+18\sqrt{3}+36-18\sqrt{3}$$
$$= 27$$

Challenge

$$\left(\frac{1}{2-\sqrt{3}}\right)^2 = \left\{\frac{2+\sqrt{3}}{(2-\sqrt{3})(2+\sqrt{3})}\right\}^2$$
$$= (2+\sqrt{3})^2=7+4\sqrt{3}$$
$4\sqrt{3}=\sqrt{48}$ だから　$6<\sqrt{48}<7$
よって，$13<7+4\sqrt{3}<14$
整数部分は 13 だから，小数部分は
$$7+4\sqrt{3}-13=4\sqrt{3}-6$$
$x=4\sqrt{3}-6$ とおいて $x+6=4\sqrt{3}$ より
この両辺を 2 乗する。
$$(x+6)^2=(4\sqrt{3})^2$$

⟲ $\sqrt{36}<\sqrt{48}<\sqrt{49}$
　　↑　　　　　↑
　　6　　　　　7

注意　$1<\sqrt{3}<2$ より各辺を 4 倍し $4<4\sqrt{3}<8$ とすると整数が 1 つに定まらない。

$x^2+12x+36=48$

したがって，$x^2+12x-12=0$ の解である。

別解

$x^2+ax-b=0$ に $x=4\sqrt{3}-6$ を代入して

$(4\sqrt{3}-6)^2+a(4\sqrt{3}-6)-b=0$

$48-48\sqrt{3}+36+4a\sqrt{3}-6a-b=0$

$(84-6a-b)+(4a-48)\sqrt{3}=0$

$84-6a-b$，$4a-48$ は有理数だから

$84-6a-b=0$，$4a-48=0$

これより　$a=12$，$b=12$

9

(1) $\begin{cases} x+2y+z=9 & \cdots\cdots① \\ x-2y+3z=9 & \cdots\cdots② \\ x+y-3z=-9 & \cdots\cdots③ \end{cases}$

①−②より

$\quad 4y-2z=0 \qquad \cdots\cdots④$

②−③より

$\quad -3y+6z=18 \qquad \cdots\cdots⑤$

④＋⑤÷3 より

$\quad 3y=6$　よって，$y=2$

④に代入して，$z=4$

①に代入して

$\quad x+2\cdot2+4=9$ より $x=1$

よって，$x=1,\ y=2,\ z=4$

(2) $\begin{cases} 2x+y+z=3 & \cdots\cdots① \\ x+2y+z=2 & \cdots\cdots② \\ x+y+2z=1 & \cdots\cdots③ \end{cases}$

①−②より

$\quad x-y=1 \qquad\qquad \cdots\cdots④$

①×2−③より

$\quad 3x+y=5 \qquad \cdots\cdots⑤$

④＋⑤より

$\quad 4x=6$　よって，$x=\dfrac{3}{2}$

④に代入して　$y=\dfrac{1}{2}$

②に代入して　$z=-\dfrac{1}{2}$

ゆえに，$x=\dfrac{3}{2},\ y=\dfrac{1}{2},\ z=-\dfrac{1}{2}$

◆ x の係数がすべて 1 だから x を消去する方針で解く。

◆
$\begin{array}{r} x+2y+z=9\cdots\cdots① \\ -\underline{)\ x-2y+3z=9\cdots\cdots②} \\ 4y-2z=0\cdots\cdots④ \end{array}$

$\begin{array}{r} x-2y+3z=9\cdots\cdots② \\ -\underline{)\ x+y-3z=-9\cdots\cdots③} \\ -3y+6z=18\ \cdots\cdots⑤ \end{array}$

$\begin{array}{r} 4y-2z=0\cdots\cdots④ \\ +\underline{)\ -y+2z=6\cdots\cdots⑤÷3} \\ 3y\qquad=6 \end{array}$

◆ z を消去する方針で解く。

◆
$\begin{array}{r} 2x+y+z=3\cdots\cdots① \\ -\underline{)\ x+2y+z=2\cdots\cdots②} \\ x-y\qquad=1\cdots\cdots④ \end{array}$

◆
$\begin{array}{r} 4x+2y+2z=6\cdots\cdots①×2 \\ -\underline{)\ x+y+2z=1\cdots\cdots③} \\ 3x+y\qquad=5\cdots\cdots⑤ \end{array}$

◆ $\dfrac{3}{2}-y=1$ より　$y=\dfrac{1}{2}$

◆ $\dfrac{3}{2}+2\cdot\dfrac{1}{2}+z=2$ より

$\quad z=-\dfrac{1}{2}$

Challenge

$x(y+z)=5$　より　$xy+zx=5$　……①

$y(z+x)=8$　より　$yz+xy=8$　……②

$z(x+y)=9$　より　$zx+yz=9$　……③

①－②より

$zx-yz=-3$　……④

③＋④より

$2zx=6$　すなわち　$zx=3$　……⑤

①に代入して

$xy=2$　……⑥

⑤より　$z=\dfrac{3}{x}$，⑥より　$y=\dfrac{2}{x}$　として

②に代入すると

$\dfrac{2}{x}\cdot\dfrac{3}{x}+x\cdot\dfrac{2}{x}=8$　すなわち　$\dfrac{6}{x^2}+2=8$

$x^2=1$　よって，$x=\pm1$

⑤，⑥に代入して

$z=\pm3,\ y=\pm2$

ゆえに，$x=\pm1,\ y=\pm2,\ z=\pm3$（複号同順）

10 (1) $|3-\sqrt{10}|=-(3-\sqrt{10})$

　　　　　　　$=\sqrt{10}-3$

(2) $x\geqq-5$ のとき

　　$|x+5|=x+5$

　　$x<-5$ のとき

　　$|x+5|=-(x+5)=-x-5$

よって，$|x+5|=\begin{cases} x+5 & (x\geqq-5) \\ -x-5 & (x<-5) \end{cases}$

(3) $2x-3\geqq0$　すなわち $x\geqq\dfrac{3}{2}$ のとき

　　$|2x-3|=2x-3$

　　$2x-3<0$　すなわち $x<\dfrac{3}{2}$ のとき

　　$|2x-3|=-(2x-3)$

　　　　　　　$=-2x+3$

よって，$|2x-3|=\begin{cases} 2x-3 & \left(x\geqq\dfrac{3}{2}\right) \\ -2x+3 & \left(x<\dfrac{3}{2}\right) \end{cases}$

◐ xy, yz, zx を 1 つとみて消去する。

◐
$\begin{array}{r} xy+zx=5\cdots① \\ -)\ yz+xy=8\cdots② \\ \hline zx-yz=-3\cdots④ \end{array}$

◐
$\begin{array}{r} zx+yz=\ \ 9\cdots③ \\ +)\ zx-yz=-3\cdots④ \\ \hline 2zx\ \ \ \ \ =6 \end{array}$

◐ $xy+3=5$ より $xy=2$

◐ y, z を消去して x だけの方程式にする。

◐ 上の ＋ どうしで 1 組の解
　下の － どうしで 1 組の解

◐ $\sqrt{10}>3$ だから $3-\sqrt{10}<0$
　－ をつけて｜｜をはずす。

◐ $x+5\geqq0$ より $x\geqq-5$

◐ 答は左のように，$x\geqq-5$ のとき
と $x<-5$ のときをまとめてかく。

◐ 答は左のように，$x\geqq\dfrac{3}{2}$ のとき
と $x<\dfrac{3}{2}$ のときをまとめてかく。

Challenge

$P=5|x+3|+4|x-3|$ は
$x<-3$ のとき
  $P=-5(x+3)-4(x-3)$
    $=-9x-3$
$-3\leqq x<3$ のとき
  $P=5(x+3)-4(x-3)$
    $=x+27$
$x\geqq 3$ のとき
  $P=5(x+3)+4(x-3)$
    $=9x+3$

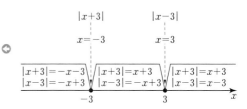

11 (1)

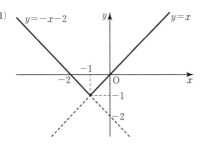

◆ グラフの点線部分は必ずしもかいておかなくてもよい。

◆ グラフの境目である $x=-1$ のときの y の値は重要。

(2) $x\geqq -\dfrac{1}{2}$ のとき
  $y=|2x+1|=2x+1$
$x<-\dfrac{1}{2}$ のとき
  $y=|2x+1|=-2x-1$
だから，グラフは右の図のようになる。

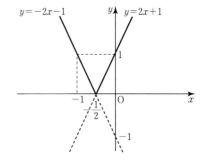

Challenge

$y=2|x-2|-2$ より
$x\geqq 2$ のとき $|x-2|=x-2$ だから
  $y=2(x-2)-2=2x-6$
$x<2$ のとき $|x-2|=-(x-2)$ だから
  $y=-2(x-2)-2=-2x+2$
よって，$\begin{cases} y=2x-6 & (x\geqq 2) \\ y=-2x+2 & (x<2) \end{cases}$
これよりグラフは右の図のようになる。

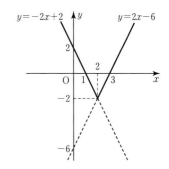

また，$y=|f(x)|$ のグラフは，$y<0$ の部分を x 軸で $y>0$ の方に折り返せばよいから，右の図のようになる。

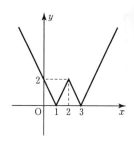

12 (1) $y=-2x^2+6x-2$

$=-2(x^2-3x)-2$

$=-2\left\{\left(x-\dfrac{3}{2}\right)^2-\dfrac{9}{4}\right\}-2$

$=-2\left(x-\dfrac{3}{2}\right)^2+\dfrac{9}{2}-2$

$=-2\left(x-\dfrac{3}{2}\right)^2+\dfrac{5}{2}$

グラフは右図。

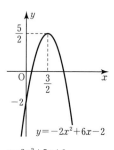

$y=-2x^2+6x-2$

(2) $y=3x^2+5x+1$

$=3\left(x^2+\dfrac{5}{3}x\right)+1$

$=3\left\{\left(x+\dfrac{5}{6}\right)^2-\dfrac{25}{36}\right\}+1$

$=3\left(x+\dfrac{5}{6}\right)^2-\dfrac{25}{12}+1$

$=3\left(x+\dfrac{5}{6}\right)^2-\dfrac{13}{12}$

グラフは右図。

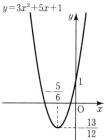

$y=3x^2+5x+1$

Challenge

$y=\dfrac{3}{4}x^2-x+\dfrac{2}{3}$

$=\dfrac{3}{4}\left(x^2-\dfrac{4}{3}x\right)+\dfrac{2}{3}$

$=\dfrac{3}{4}\left\{\left(x-\dfrac{2}{3}\right)^2-\left(\dfrac{2}{3}\right)^2\right\}+\dfrac{2}{3}$

$=\dfrac{3}{4}\left\{\left(x-\dfrac{2}{3}\right)^2-\dfrac{4}{9}\right\}+\dfrac{2}{3}$

$=\dfrac{3}{4}\left(x-\dfrac{2}{3}\right)^2-\dfrac{1}{3}+\dfrac{2}{3}$

$=\dfrac{3}{4}\left(x-\dfrac{2}{3}\right)^2+\dfrac{1}{3}$

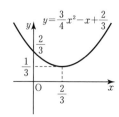

$y=\dfrac{3}{4}x^2-x+\dfrac{2}{3}$

グラフは右図。

13 (1) $y=x^2-6x+7=(x-3)^2-2$

頂点は $(3, -2)$

$y=x^2+2x+2=(x+1)^2+1$

頂点は $(-1, 1)$

頂点が $(-1, 1)$ から $(3, -2)$ に移動したから

x 軸方向に 4，y 軸方向に -3 だけ移動したもの。

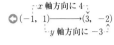

◐ $(-1, 1) \xrightarrow[y \text{軸方向に} -3]{x \text{軸方向に} 4} (3, -2)$

◐ $y=f(x)$ のグラフを
x 軸方向に a，y 軸方向に b だけ
平行移動したグラフの方程式は
$x→x-a$，$y→y-b$
として $y=f(x)$ に代入し
$y-b=f(x-a)$
で表される。

別解

x 軸方向に a，y 軸方向に b だけ平行移動したとすると

$y-b=(x-a)^2+2(x-a)+2$

$y=x^2-(2a-2)x+a^2-2a+b+2$

これが $y=x^2-6x+7$ になるから

$2a-2=6$，$a^2-2a+b+2=7$

これより **$a=4$，$b=-3$**

(2) $y=x^2-4x+5$

$\quad =(x-2)^2+1$

頂点 $(2, 1)$ が，それぞれの対称移動で下図のように移る。

したがって，

x 軸に関して対称に移動すると

頂点が $(2, -1)$ で，グラフが逆転する。

よって，**$y=-(x-2)^2-1$**

y 軸に関して対称に移動すると

頂点が $(-2, 1)$ にくる。

よって，**$y=(x+2)^2+1$**

原点に関して対称に移動すると

頂点が $(-2, -1)$ で，グラフが逆転する。

よって，**$y=-(x+2)^2-1$**

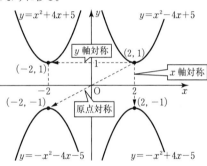

Challenge

$y=-x^2+6x+6$

$\quad =-(x-3)^2+15$

頂点は $(3, 15)$ で，もとのグラフの頂点はこの頂点を

x 軸方向に -4，y 軸方向に 6

だけ平行移動した点 $(-1, 21)$ だから

$y=-(x+1)^2+21$

よって，**$y=-x^2-2x+20$**

別解

x 軸方向に -4，y 軸方向に 6

だけ平行移動した式は

$x→x+4$，$y→y-6$ を代入して

$y-6=-(x+4)^2+6(x+4)+6$

よって，**$y=-x^2-2x+20$**

◐ 平行移動を逆にたどるともとの
グラフに重なる。

◐ $(3, 15) \xrightarrow[y \text{軸方向に} 6]{x \text{軸方向に} -4} (-1, 21)$

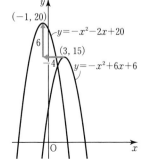

14 (1) $y=a(x-3)^2-9$ とおける。

点 $(5, -1)$ を通るから

$$-1=a(5-3)^2-9$$

$4a=8$　よって，$a=2$

ゆえに，$y=2(x-3)^2-9$

(2) $y=a(x-1)^2+q$ とおける。

2 点 $(-1, -5)$，$(2, 1)$ を通るから

$$-5=a(-1-1)^2+q$$

よって，$4a+q=-5$ ……①

$$1=a(2-1)^2+q$$

よって，$a+q=1$　……②

①，②より

$$a=-2,\ q=3$$

ゆえに，$y=-2(x-1)^2+3$

(3) $y=a(x-1)(x-3)$ とおける。

点 $(0, -6)$ を通るから

$$-6=a(0-1)(0-3)$$

$-6=3a$　よって，$a=-2$

$$y=-2(x-1)(x-3)$$

ゆえに，$y=-2x^2+8x-6$

◆ 頂点が関係したら
$y=a(x-p)^2+q$
の形の式でおく。

◆ ①−②より
$$\begin{array}{r}4a+q=-5 ……①\\ -)\quad a+q=\ \ 1 ……②\\ \hline 3a\quad\ \ =-6\\ a\quad\ \ =-2\end{array}$$

◆ x 軸と 2 点 $(\alpha, 0)$，$(\beta, 0)$ で交わるから
$$y=a(x-\alpha)(x-\beta)$$
とおく。

Challenge

頂点の座標を $(t, 3t)$ とすると

$y=(x-t)^2+3t$ と表せる。

点 $(2, 4)$ を通るから

$$4=(2-t)^2+3t \qquad t^2-t=0,$$

$t(t-1)=0$　よって，$t=0,\ 1$

原点を通らないから $t=1$

ゆえに，$y=(x-1)^2+3$

◆ 頂点が直線 $y=3x$ 上にあるから頂点は $(t, 3t)$ と表せる。

15 (1) $y=ax^2+bx+c$ とおくと，3 点を通るから

$(-1, -2)$：　$a-b+c=-2$ ……①

$(2, -8)$　：$4a+2b+c=-8$ ……②

$(0, -10)$：　　　　$c=-10$ ……③

$c=-10$ を①，②に代入して

$$a-b=8 \qquad\qquad ……①'$$

$$4a+2b=2 \qquad\quad ……②'$$

①$'\times2+$②$'$より

$6a=18$　よって，$a=3$

①$'$ に代入して　$b=-5$

ゆえに，$y=3x^2-5x-10$

(2) $y=ax^2+bx+c$ とおくと，3 点を通るから

$(1, 15)$　：　$a+b+c=15$ ……①

◆
$$\begin{array}{r}2a-2b=16 ……①'\times2\\ +)\ 4a+2b=2 ……②'\\ \hline 6a\quad\ \ =18\end{array}$$

$(-1, -3):\quad a-b+c=-3\quad\cdots\cdots②$

$(-3, 3)\ :\quad 9a-3b+c=3\quad\cdots\cdots③$

①－②より　$2b=18$　よって，$b=9$

①，③に代入して

$\quad a+c=6\qquad\qquad\cdots\cdots①'$

$\quad 9a+c=30\qquad\qquad\cdots\cdots②'$

②'－①'より　$8a=24$　よって，$a=3$

①'に代入して　$c=3$

ゆえに，$\boldsymbol{y=3x^2+9x+3}$

○ ①－②で a と c が同時に消去できて，b が求まる。

○ $b=9$ を①，②のどちらに代入しても同じ。

Challenge

頂点が $(1, 3)$ だから

$\quad y=a(x-1)^2+3\quad\cdots\cdots①$　とおける。

直線 $y=2x$ に接しているから

$a(x-1)^2+3=2x$ より

$\quad ax^2-2(a+1)x+a+3=0\quad\cdots\cdots②$

とすると，②の判別式は $D=0$ である。

$\dfrac{D}{4}=(a+1)^2-a(a+3)$

$\qquad =-a+1=0$

よって，$a=1$

①に代入して　$y=1\cdot(x-1)^2+3$

$\qquad\qquad\qquad =x^2-2x+4$

接点は $a=1$ を②に代入して

$x^2-4x+4=0$　より　$(x-2)^2=0$

よって，$x=2$，このとき，$y=4$

ゆえに，$\boldsymbol{a=1, \ b=-2, \ c=4}$

接点の座標は $(2, 4)$ である。

別解

$y=ax^2+bx+c$

$\quad =a\left(x+\dfrac{b}{2a}\right)^2-\dfrac{b^2-4ac}{4a}$

頂点が $(1, 3)$ だから

$-\dfrac{b}{2a}=1\ \cdots\cdots①,\quad -\dfrac{b^2-4ac}{4a}=3\ \cdots\cdots②$

直線 $y=2x$ と接するから

$ax^2+bx+c=2x$　より

$\quad ax^2+(b-2)x+c=0$

の判別式は $D=0$ である。

$\quad D=(b-2)^2-4ac=0\quad\cdots\cdots③$

①より $b=-2a$ を②に代入して

$-\dfrac{4a^2-4ac}{4a}=3$　より　$-a+c=3$

14

$b=-2a,\ c=a+3$ を③に代入して
$$(-2a-2)^2-4a(a+3)=0$$
$$-4a+4=0 \quad \text{よって,}\ a=1$$
これから $b=-2 \quad c=4$
以下同様

16 (1) $f(x)=x^2-8x+9$
$$=(x-4)^2-7 \quad (0\leqq x\leqq7)$$
としてグラフをかく
右のグラフより
$x=0$ のとき 最大値9
$x=4$ のとき 最小値-7

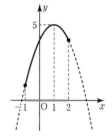

(2) $y=-x^2+2x+a$
$$=-(x-1)^2+1+a$$
定義域が $-1\leqq x\leqq2$ で軸が $x=1$ だから
右のグラフより
$x=1$ で最大値をとる
$x=1$ のとき $y=-1+2+a=5$
よって, $a=4$
このとき, 最小値は $x=-1$ のときで
$$y=-1-2+4=1$$

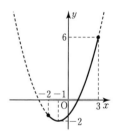

Challenge

$y=ax^2+2ax+b$
$=a(x^2+2x)+b$
$=a(x+1)^2-a+b$
定義域が $-2\leqq x\leqq3$ で, 軸は $x=-1$, かつ下に凸だから
右のグラフより
$x=3$ で最大値6をとるから
$$9a+6a+b=6$$
$$15a+b=6 \quad\cdots\cdots①$$
$x=-1$ で最小値-2をとるから
$$a-2a+b=-2$$
$$-a+b=-2 \quad\cdots\cdots②$$
①, ②を解いて, $a=\dfrac{1}{2},\ b=-\dfrac{3}{2}$

$\Leftarrow$
$$\begin{array}{r}15a+b=6 \quad\cdots\cdots①\\ -)\ -a+b=-2 \quad\cdots\cdots②\\ \hline 16a\quad=8\end{array}$$

17 $f(x)=x^2-6x+10$

$=(x-3)^2+1$　と変形。

a の値によって，次のように分類できる。

最小値について

(i)　$0<a<3$ のとき

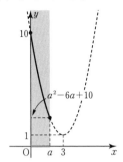

$x=a$ で最小値 $a^2-6a+10$

(ii)　$3\leqq a$ のとき

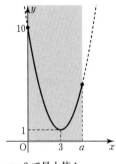

$x=3$ で最小値 1

(i), (ii)より

　$0<a<3$ のとき　$x=a$ で　最小値 $a^2-6a+10$

　$3\leqq a$ のとき　$x=3$ で　最小値 1

最大値について

(i)　$0<a<6$ のとき

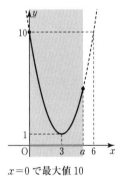

$x=0$ で最大値 10

(ii)　$a=6$ のとき

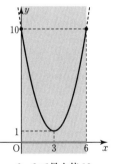

$x=0$, 6 で最大値 10

場合分けの考え方（その 1）

　グラフが動かず，定義域が

　　$0\leqq x\leqq a$

　のように，a の値によって動く
　場合。

①　まず，グラフを座標軸上に
　　かく。

②　a に具体的な値をイメージ
　　して，定義域がどう動くかと
　　らえる。

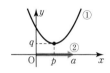

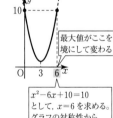

最大値がここを
境にして変わる

$x^2-6x+10=10$
として，$x=6$ を求める。
グラフの対称性から
求めてもよい。

16

(iii)　$6<a$ のとき

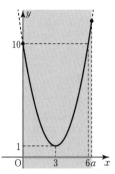

$x=a$ で最大値 $a^2-6a+10$

(i), (ii), (iii)より

　$0<a<6$　のとき　$x=0$　で　最大値 10

　$a=6$　のとき　$x=0,\ 6$　で　最大値 10

　$6<a$　のとき　$x=a$　で　最大値 $a^2-6a+10$

◯ 最大値をとる x の値が $x=0$, 6 の 2 個あるので(ii)を独立させたが，最大値をとるときの x の値を問題にしなければ $a=6$ の場合は $0<a\leqq6$ または $6\leqq a$ として(i)か(iii)に含めてよい。実際，この問では x の値は問われていないので，こちらも正解である。

Challenge

　$f(x)=-x^2+2x+2$

　　　　$=-(x-1)^2+3$　と変形。

a の値によって，次のように分類できる。

最大値について

(i)　$-1<a<1$ のとき

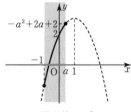

$x=a$ で最大値 $-a^2+2a+2$

(ii)　$1\leqq a$

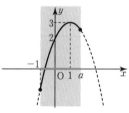

$x=1$ で最大値 3

(i), (ii)より

　$-1<a<1$　のとき　$x=a$　で　最大値 $-a^2+2a+2$

　$1\leqq a$　のとき　$x=1$　で　最大値 3

最小値について

(ⅰ) $-1<a<3$ のとき

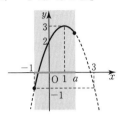

$x=-1$ で最小値 -1

(ⅱ) $a=3$ のとき

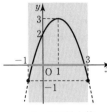

$x=-1$, 3 で最小値 -1

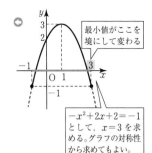

最小値がここを境にして変わる

$-x^2+2x+2=-1$ として，$x=3$ を求める。グラフの対称性から求めてもよい。

◆ 最小値をとる x の値が $x=-1$ と $x=3$ の 2 個あるので(ⅱ)を独立させたが，最小値をとる x の値を問題にしなければ $-1<a≦3$ または $3≦a$ として(ⅰ)か(ⅲ)に含めてもよい。問 17 の注を参照。

(ⅲ) $3<a$ のとき

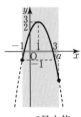

$x=a$ で最小値 $-a^2+2a+2$

(ⅰ), (ⅱ), (ⅲ)より

$-1<a<3$ のとき $x=-1$ で 最小値 -1

$a=3$ のとき $x=-1$, 3 で 最小値 -1

$3<a$ のとき $x=a$ で 最小値 $-a^2+2a+2$

18 $y=f(x)=(x-a)^2+1$ と変形。

グラフは下に凸で，軸が $x=a$ だから a の値によって次のように分類される。

(ⅰ) $a<0$ のとき

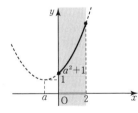

$x=0$ で $m=a^2+1$

(ⅱ) $0≦a≦2$ のとき

$x=a$ で $m=1$

(ⅲ) $2<a$ のとき

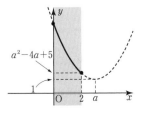

a^2-4a+5

場合分けの考え方（その 2）

　定義域が $0≦x≦2$ のように決まっていて，グラフが a の値によって動く場合。

① まず，座標軸上に定義域をかく。

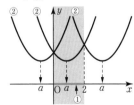

② a の値によって，グラフがどう動くかを考え，このときグラフのどの部分が使われるのかを見て判断する。

（a に具体的な値（$a=0$, 1, -1 など）を代入して，グラフの動きをイメージするとよい。）

$x=2$ で $m=a^2-4a+5$

(i), (ii), (iii)より

$a<0$ のとき $x=0$ で $m=a^2+1$

$0\leqq a\leqq 2$ のとき $x=a$ で $m=1$

$2<a$ のとき $x=2$ で $m=a^2-4a+5$

Challenge

(i) $a<0$ のとき

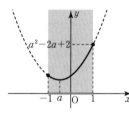

$x=1$ で $M=a^2-2a+2$

(ii) $a=0$ のとき

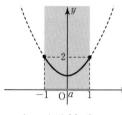

$x=1,\ -1$ で $M=2$

● 定義域の中央にグラフの軸がくる(ii)の場合が場合分けの分岐点。これより，グラフが左にくる(i)か，右にくる(iii)に分ける。
(ii)では最大値をとる x の値が $x=1$ と $x=-1$ の 2 個あるので独立させる。問 17 の注を参照。

(iii) $0<a$ のとき

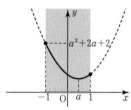

$x=-1$ で $M=a^2+2a+2$

(i), (ii), (iii)より

$a<0$ のとき $x=1$ で $M=a^2-2a+2$

$a=0$ のとき $x=1,\ -1$ で $M=2$

$0<a$ のとき $x=-1$ で $M=a^2+2a+2$

● 最大値をとる x の値を問題にしなければ $a=0$ の場合を
$a\leqq 0$ のとき $M=a^2-a+2$
または
$0\leqq a$ のとき $M=a^2+2a+2$
としてよい。

19

$y=6x^2+2kx+k=0$ ……①

$y=-x^2+(k-6)x-1=0$ ……②

として，①，②の判別式 D_1，D_2 をとると

$D_1=(2k)^2-4\cdot 6\cdot k$

$\quad =4k^2-24k=4k(k-6)$

$D_2=(k-6)^2-4$

$\quad =k^2-12k+32=(k-4)(k-8)$

どちらも共有点をもたないから $D_1<0$ かつ $D_2<0$

$D_1=4k(k-6)<0$ より $0<k<6$ ……①′

$D_2=(k-4)(k-8)<0$ より $4<k<8$ ……②′

①′，②′ の共通範囲だから

$4<k<6$

● $D_1/4=k^2-6\cdot k$
$\qquad =k(k-6)$
とする方が簡単。

● $D_2=(k-6)^2-4$
$\quad =(k-6)^2-2^2$
$\quad =(k-6+2)(k-6-2)$
$\quad =(k-4)(k-8)$
と因数分解してもよい。

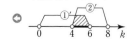

Challenge

$y=x^2+ax+b$ が点 $(2,\ 1)$ を通るから
$\quad 1=4+2a+b$
$\quad\quad 2a+b=-3$ ……①
x 軸と共有点をもたないから $D<0$ ならばよい。
$\quad\quad D=a^2-4b<0$ ……②
①より $b=-2a-3$ を②に代入して
$\quad\quad a^2-4(-2a-3)<0$
$\quad\quad a^2+8a+12<0$
$\quad\quad (a+6)(a+2)<0$
よって，$-6<a<-2$

◆ 点 $(\bigcirc,\ \square)$ を通るという条件は，方程式に代入して関係式をつくる。

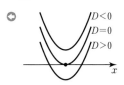

20 $x^2+(a-3)x+a>0$
がすべての実数で成り立つためには
x^2 の係数が 1 で正だから，$D<0$ ならばよい。
$\quad\quad D=(a-3)^2-4a<0$ より
$\quad\quad\quad a^2-10a+9<0 \quad\quad (a-1)(a-9)<0$
よって，$1<a<9$

【別解】
$y=x^2+(a-3)x+a$ のグラフで考える。
$\quad =\left(x+\dfrac{a-3}{2}\right)^2-\dfrac{(a-3)^2}{4}+a$
$\quad =\left(x+\dfrac{a-3}{2}\right)^2-\dfrac{a^2-10a+9}{4}$
頂点の y 座標が正ならばよいから
$\quad -\dfrac{a^2-10a+9}{4}>0$ より $a^2-10a+9<0$
以下同様。

◆ 別解は平方完成するだけ計算が大変になる。

Challenge

$y=kx^2+2x+k$ より
つねに $y<0$ となるためには
$k<0$ かつ $D<0$ ならばよい。
$\quad\quad D=2^2-4k\cdot k=4(1-k^2)<0$
すなわち $\quad k^2-1>0$
$\quad\quad (k+1)(k-1)>0$
$\quad\quad\quad k<-1,\ 1<k$
$k<0$ だから $\quad k<-1$

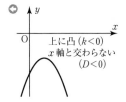
上に凸 ($k<0$)
x 軸と交わらない ($D<0$)

21 (1) $x^2-4x+2=0$
$\quad\quad x=-(-2)\pm\sqrt{(-2)^2-2}$
$\quad\quad\ =2\pm\sqrt{2}$

◆ $x^2-4x+2=0$
$x^2-\boxed{2}\cdot 2x+2=0$

(2)　$2x^2-6x-3=0$

$$x=\dfrac{-(-3)\pm\sqrt{(-3)^2-2\cdot(-3)}}{2}$$

$$=\dfrac{3\pm\sqrt{15}}{2}$$

◆ $2x^2-6x-3=0$
$2x^2-2\cdot3x-3=0$

(3)　$2(x^2-3x-5)=-4x^2+6x+5$

$2x^2-6x-10=-4x^2+6x+5$

$6x^2-12x-15=0$

$2x^2-4x-5=0$

$$x=\dfrac{-(-2)\pm\sqrt{(-2)^2-2\cdot(-5)}}{2}$$

$$=\dfrac{2\pm\sqrt{14}}{2}$$

◆ $2x^2-2\cdot2x-5=0$

Challenge

2 個の共有点は

$2x^2+2kx+k^2-1=0$ を解いて

$$x=\dfrac{-k\pm\sqrt{k^2-2(k^2-1)}}{2}=\dfrac{-k\pm\sqrt{2-k^2}}{2}$$

よって，共有点間の距離は

$$\dfrac{-k+\sqrt{2-k^2}}{2}-\dfrac{-k-\sqrt{2-k^2}}{2}$$

$$=\sqrt{2-k^2}$$

◆ $2x^2+2\cdot kx+k^2-1=0$
$ax^2+2b'x+c$
$$x=\dfrac{-b'\pm\sqrt{b'^2-ac}}{a}$$
に代入して求めた。

◆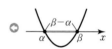

22 (1)　$x^2-2kx+3k-2=0$

の判別式が $D>0$ のときだから

$D/4=(-k)^2-1\cdot(3k-2)$

　　　$=k^2-3k+2=(k-1)(k-2)>0$

よって，**$k<1$，$2<k$**

◆ $D=(-2k)^2-4\cdot1\cdot(3k-2)$
$=4k^2-12k+8$
$=4(k-1)(k-2)$

(2)　$x^2-4mx+m+3=0$

の判別式が $D=0$ のときだから

$D/4=(-2m)^2-(m+3)=4m^2-m-3=(4m+3)(m-1)=0$

よって，**$m=-\dfrac{3}{4}$，1**

◆ $D=(-4m)^2-4(m+3)$
$=16m^2-4m-12=0$
$=4(4m^2-m-3)=0$

Challenge

$ax^2+(2k+1)x+k=0$ の判別式を D とすると

実数解をもつ条件は

$D=(2k+1)^2-4ak\geqq0$

よって，**$4k^2+4(1-a)k+1\geqq0$**

任意の実数 k でこれが成り立つためには

k^2 の係数が正かつ k についての判別式が $D\leqq0$

ならばよい。

◆ k についての 2 次不等式となる。

◆ 例題 20 参照

よって，$\dfrac{D}{4}=4(1-a)^2-4\cdot1\le0$　より

$\qquad a^2-2a\le0$

$\qquad a(a-2)\le0$

ゆえに，$0<a\le2$

23 共通な解を α として①，②に代入する。

$\qquad \alpha^2+2\alpha+k=0$　……①′

$\qquad -\alpha^2+k\alpha+2=0$　……②′　とすると

①′＋②′ より

$\qquad (k+2)\alpha+k+2=0$

$\qquad (k+2)(\alpha+1)=0$

これより　$k=-2$　または　$\alpha=-1$

$k=-2$ のとき

　①，②はどちらも $x^2+2x-2=0$ となり

　2個の共通な解をもつから適する。

$\qquad$ ◯ 解は $x=-1\pm\sqrt{3}$

$\alpha=-1$ のとき①′ に代入して

$\qquad 1-2+k=0$　より　$k=1$　このとき

①は $x^2+2x+1=0$　より　$(x+1)^2=0$

$\qquad$ ◯ ①の解は $x=-1$（重解）

②は $-x^2+x+2=0$　より　$(x-2)(x+1)=0$

$\qquad$ ◯ ②の解は $x=-1,\ 2$

となり $x=-1$ を共通な解にもつから適する。

よって，$k=-2,\ 1$

24 (1)　$-\dfrac{3}{2}x+\dfrac{10}{3}<\dfrac{-5x+8}{6}$

$\qquad -9x+20<-5x+8$

$\qquad$ ◯ 分母の最小公倍数 6 を掛けて分母を払うとよい。

$\qquad -4x<-12$

　よって，$x>3$

(2)　$3x-5<x+1<2x+3$　より

$\qquad \begin{cases} 3x-5<x+1 & ……① \\ x+1<2x+3 & ……② \end{cases}$　とする。

$\qquad$ ◯ $A<B<C$ のとき
$\qquad \begin{cases} A<B & ……① \\ B<C & ……② \end{cases}$
の連立不等式として考える。

　①より　$2x<6$　よって，$x<3$　……③

　②より　$-x<2$　よって，$x>-2$　……④

　③，④の共通範囲だから

$\qquad -2<x<3$

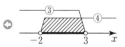

$\qquad$ ◯ 数直線上に表さなくてもわかれば，かかなくてもよい。

Challenge

(1)　$ax+3>2x$　より　$(a-2)x>-3$

$\qquad a>2$ のとき　$x>-\dfrac{3}{a-2}$

$\qquad a<2$ のとき　$x<-\dfrac{3}{a-2}$

22

$a=2$ のとき

$0 \cdot x > -3$ となるから x はすべての実数

(2) $x-2a \leq 3x+b \leq x+2$ より

$x-2a \leq 3x+b$ ……①

$3x+b \leq x+2$ ……② とすると

①より

$-2x \leq 2a+b$ よって, $x \geq -\dfrac{2a+b}{2}$ ……③

②より

$2x \leq 2-b$ よって, $x \leq \dfrac{2-b}{2}$ ……④

③, ④の共通範囲だから

$-\dfrac{2a+b}{2} \leq x \leq \dfrac{2-b}{2}$

これが $4 \leq x \leq 5$ となるためには

$-\dfrac{2a+b}{2}=4$ ……⑤, $\dfrac{2-b}{2}=5$ ……⑥

⑥より $2-b=10$ よって, $b=-8$

⑤より $-2a-b=8$

$b=-8$ を代入して

$-2a+8=8$ よって, $a=0$

ゆえに, $a=0$, $b=-8$

● a, b はある定数を表す文字だから, 単なる数として扱う。

● $A<x<B \Longleftrightarrow C<x<D$
$A=C$, $B=D$

25 (1) $3x^2+x-14>0$

$(3x+7)(x-2)>0$

よって, $x<-\dfrac{7}{3}$, $2<x$

● 因数分解できる。

(2) $x^2-4x+1<0$

$x^2-4x+1=0$ の解は

$x=2\pm\sqrt{3}$

よって, $2-\sqrt{3}<x<2+\sqrt{3}$

● 因数分解できないから, 解を求めて解く。

(3) $x^2-2x+\dfrac{1}{2}>0$

$2x^2-4x+1>0$

$2x^2-4x+1=0$ の解は

$x=\dfrac{2\pm\sqrt{4-2}}{2}=\dfrac{2\pm\sqrt{2}}{2}$

よって, $x<\dfrac{2-\sqrt{2}}{2}$, $\dfrac{2+\sqrt{2}}{2}<x$

● 因数分解できないから, 解を求めて解く。

(4) $2(x+1)^2>-4x-7$

$2x^2+4x+2>-4x-7$

$2x^2+8x+9>0$

$2(x^2+4x)+9>0$

$2\{(x+2)^2-4\}+9>0$

● $2x^2+8x+9=0$ の判別式は
$D/4=4^2-2\cdot9=-2<0$

● 実数解をもたないから,
平方完成して,
$(\quad)^2+\boxed{}>0$ をつくる。

$$2(x+2)^2+1>0$$
よって，すべての実数

Challenge

$$x^2+6x-8\leqq0$$

$x^2+6x-8=0$ の解は

$$x=-3\pm\sqrt{3^2-1\cdot(-8)}=-3\pm\sqrt{17}$$

よって，$-3-\sqrt{17}\leqq x\leqq-3+\sqrt{17}$

ここで，$\sqrt{16}<\sqrt{17}<\sqrt{25}$ だから $4<\sqrt{17}<5$,

$-5<-\sqrt{17}<-4$

各辺に -3 を加えて

$$-8<-3-\sqrt{17}<-7,\ 1<-3+\sqrt{17}<2$$

$ax^2+2b'x+c=0$
$$x=\frac{-b'\pm\sqrt{b'^2-ac}}{a}$$

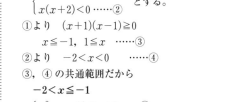

数直線上にしっかり図示する。

上図より，不等式を満たす整数は

$-7,\ -6,\ \cdots\cdots,\ 0,\ 1$ の**9個**。

また，$6x^2+7x-5\geqq0$ の解は

$(2x-1)(3x+5)\geqq0$ より

$$x\leqq-\frac{5}{3},\ \frac{1}{2}\leqq x$$

よって，$-7,\ -6,\ -5,\ -4,\ -3,\ -2,\ 1$ の**7個**。

-7〜1 までの個数は
$1-(-7)+1=9$
として求めてもよい。

数が少ないから，実際に数える
方が確実である。

26 (1) $\begin{cases} x^2-1\geqq0 & \cdots\cdots① \\ x(x+2)<0 & \cdots\cdots② \end{cases}$ とする。

①より $(x+1)(x-1)\geqq0$

$x\leqq-1,\ 1\leqq x$ $\cdots\cdots③$

②より $-2<x<0$ $\cdots\cdots④$

③，④の共通範囲だから

$$-2<x\leqq-1$$

(2) $\begin{cases} x^2-x-10<x+5 & \cdots\cdots① \\ 2x^2>x+6 & \cdots\cdots② \end{cases}$ とする。

①より

$x^2-2x-15<0$

$(x+3)(x-5)<0$

$-3<x<5$ $\cdots\cdots③$

②より

$2x^2-x-6>0$

$(2x+3)(x-2)>0$

$x<-\frac{3}{2},\ 2<x$ $\cdots\cdots④$

③，④の共通範囲だから

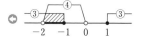

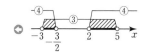

$$-3<x<-\frac{3}{2},\ 2<x<5$$

Challenge

$x^2+2ax+6a=0$ ……①
$x^2-2ax-5a+6=0$ ……② とおく。

①の判別式を D_1，②の判別式を D_2 とすると

$$\frac{D_1}{4}=a^2-6a=a(a-6)$$

$$\frac{D_2}{4}=a^2-(-5a+6)=(a+6)(a-1)$$

どちらか一方だけが実数解をもつのは

$D_1\geqq0$ かつ $D_2<0$ または $D_1<0$ かつ $D_2\geqq0$ のとき。

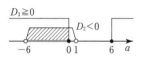 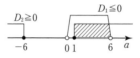

◯ どちらか一方の線がかかっている範囲を求める。

上の数直線の図より

$$-6<a\leqq0,\ 1\leqq a<6$$

27 $2x^2+3ax-2a^2>0$ より

$(2x-a)(x+2a)>0$

(i) $a>0$ のとき $-2a<\dfrac{a}{2}$ だから

$$x<-2a,\ \frac{a}{2}<x$$

◯ $(2x-a)(x+2a)=0$ の解は
$x=\dfrac{a}{2},\ -2a$
だから，$\dfrac{a}{2}$ と $-2a$ の大小関係で不等式の答が変わる。

(ii) $a<0$ のとき $-2a>\dfrac{a}{2}$ だから

$$x<\frac{a}{2},\ -2a<x$$

(iii) $a=0$ のとき

$2x^2>0$ より $x\neq0$ のすべての実数

(i)，(ii)，(iii)より

$a>0$ のとき $x<-2a,\ \dfrac{a}{2}<x$

$a<0$ のとき $x<\dfrac{a}{2},\ -2a<x$

$a=0$ のとき $x\neq0$ のすべての実数

Challenge

$(x-a+2)(x-a-2)\leqq0$ の解は

$a-2<a+2$ だから

$a-2\leqq x\leqq a+2$

これが $1\leqq x\leqq b$ となるから

◯ $a-2<a+2$ は a の値に関係なく，つねに成り立つ。

$a-2=1$ かつ $a+2=b$

これより $a=3, b=5$

28

$2x+3>a$ より $x>\dfrac{a-3}{2}$ ……①

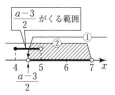

$\dfrac{2x+1}{3}>x-2$

$2x+1>3x-6$ より $x<7$ ……②

図のように，5，6の2個が含まれるように $\dfrac{a-3}{2}$ をとれ

ばよいから

$4\leqq\dfrac{a-3}{2}<5$ より $8\leqq a-3<10$

よって，$11\leqq a<13$

Challenge

$x^2-(a-3)x-3a<0$ より

$(x-a)(x+3)<0$

> ◯ $x=a$ と $x=-3$ の大小関係で場合分けをする。

(i) $a<-3$ のとき，不等式の解は

$a<x<-3$

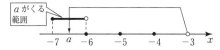

> ◯ $a=-7$ のとき，不等式の解は $-7<x<-3$ となり x に -7 は含まれないからよい。

上の図のように -4，-5，-6 の3個が含まれればよいから

$-7\leqq a<-6$

(ii) $a>-3$ のとき，不等式の解は

$-3<x<a$

> ◯ $a=1$ のとき，不等式の解は $-3<x<1$ となり x に 1 は含まれないからよい。

上の図のように，-2，-1，0 の3個が含まれればよいから

$0<a\leqq1$

よって，(i)，(ii)より $-7\leqq a<-6$，$0<a\leqq1$

29 $f(x)=x^2-ax-a+8$ とおくと

$y=f(x)$ のグラフが，右のようになればよいから

次の(i)，(ii)，(iii)を満たせばよい。

(i) $D>0$ だから

$D=(-a)^2-4(-a+8)$

$=a^2+4a-32$

$=(a+8)(a-4)>0$ より

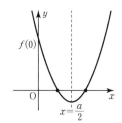

$a<-8,\ 4<a$ ……①

(ii) 軸 $x=\dfrac{a}{2}$ が $x=0$ の右にあるから

$\dfrac{a}{2}>0$ より $a>0$ ……②

(iii) $f(0)>0$ だから

$f(0)=-a+8>0$ より $a<8$ ……③

①，②，③の共通範囲だから

$4<a<8$

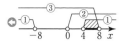

Challenge

$f(x)=x^2-2ax+2a+3$ とおくと

$y=f(x)$ のグラフが，右のようになればよいから

次の(i)，(ii)，(iii)を満たせばよい。

(i) $D>0$ だから

$D/4=a^2-(2a+3)$

$\qquad =(a+1)(a-3)>0$ より

$a<-1,\ 3<a$ ……①

(ii) 軸 $x=a$ が $1<x<5$ の範囲にあるから

$1<a<5$ ……②

(iii) $f(1)\geqq0$，$f(5)\geqq0$ だから

$f(1)=1-2a+2a+3=4>0$

これはつねに成り立つ。

$f(5)=25-10a+2a+3$

$\qquad =-8a+28\geqq0$ より

$a\leqq\dfrac{7}{2}$ ……③

①，②，③の共通範囲だから

$3<a\leqq\dfrac{7}{2}$

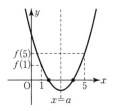

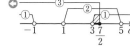

30 (1) $|3-2x|<1$ すなわち $|2x-3|<1$ より

$-1<2x-3<1$

$2<2x<4$

よって，$1<x<2$

(2) (i) $x\geqq1$ のとき

$5x-1+x-1=2$

$6x=4$

よって，$x=\dfrac{2}{3}$

（$x\geqq1$ を満たさない。）

(ii) $\dfrac{1}{5}\leqq x<1$ のとき

$5x-1-(x-1)=2$

◆ $|3-2x|<1$ と $|2x-3|<1$
は同じ式である。

◆ $-1<2x-3<1$
3を各辺に加える。
（−3を両辺に移項）

◆ $|5x-1|$ ＋ $|x-1|=2$

$x=\dfrac{1}{5}$ ，$x=1$ が場合分け
の分岐点

| $\|5x-1\|=-(5x-1)$ | $\|5x-1\|=5x-1$ | $\|5x-1\|=5x-1$ |
| $\|x-1\|=-(x-1)$ | $\|x-1\|=-(x-1)$ | $\|x-1\|=x-1$ |

$\dfrac{1}{5}$ ，1

$$4x=2$$

よって，$x=\dfrac{1}{2}$ $\left(\dfrac{1}{5}\leqq x<1 \text{ を満たす。}\right)$

(iii) $x<\dfrac{1}{5}$ のとき

$$-(5x-1)-(x-1)=2$$

$$-6x=0$$

よって，$x=0$ $\left(x<\dfrac{1}{5} \text{ を満たす。}\right)$

(i), (ii), (iii)より $x=0,\ \dfrac{1}{2}$

Challenge

(1) $|3x-5|<2x+1$

(i) $x\geqq\dfrac{5}{3}$ のとき

$$3x-5<2x+1$$
$$x<6$$

$x\geqq\dfrac{5}{3}$ だから $\dfrac{5}{3}\leqq x<6$

(ii) $x<\dfrac{5}{3}$ のとき

$$-(3x-5)<2x+1$$
$$-5x<-4$$
$$x>\dfrac{4}{5}$$

$x<\dfrac{5}{3}$ だから $\dfrac{4}{5}<x<\dfrac{5}{3}$

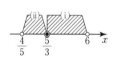

(i), (ii)より $\dfrac{4}{5}<x<6$

◆ (i)と(ii)の範囲はどちらも解で $x=\dfrac{5}{3}$ で連続してつながる。

(2) $(|x|+1)(|x-2|+1)=4$

(i) $x\geqq2$ のとき

$$(x+1)(x-2+1)=4$$

$x^2=5$ より $x=\pm\sqrt{5}$

$x\geqq2$ だから $x=\sqrt{5}$

(ii) $0\leqq x<2$ のとき

$$(x+1)(-x+2+1)=4$$
$$-x^2+2x-1=0$$

$(x-1)^2=0$ より $x=1$ （$0\leqq x<2$ を満たす。）

(iii) $x<0$ のとき

$$(-x+1)(-x+2+1)=4$$
$$x^2-4x-1=0$$ より
$$x=2\pm\sqrt{5}$$

$x<0$ だから $x=2-\sqrt{5}$

(i), (ii), (iii)より $x=2-\sqrt{5},\ 1,\ \sqrt{5}$

31 $\overline{A}=\{x|x\leqq 0,\ 6\leqq x\}$, $\overline{B}=\{x|-2\leqq x\leqq 2\}$ より
$\overline{A}\cup\overline{B}$ を図示すると

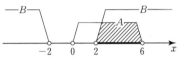

よって，$C=\overline{A}\cup\overline{B}=\{x|x\leqq 2,\ 6\leqq x\}$

$\overline{A}\cup\overline{B}=\overline{A\cap B}$ だから $A\cap B$ を図示すると

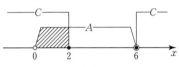

よって，$C=\overline{A}\cup\overline{B}=\overline{A\cap B}=\{x|x\leqq 2,\ 6\leqq x\}$
また，$A\cap C$ を図示すると

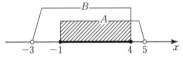

よって，$A\cap C=\{x|0<x\leqq 2\}$

Challenge

$A=\{x|-1\leqq x<5\}$, $B=\{x|-3<x\leqq 4\}$ より
$A\cap B$ を図示すると

$C=\overline{A}\cup\overline{B}=\overline{A\cap B}$ だから上の図より
$C=\{x|x<-1,\ 4<x\}$
$A\cap C$ を図示すると

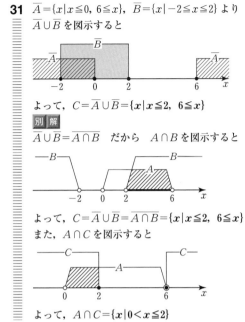

よって，$A\cap C=\{x|4<x<5\}$
$A\cup\overline{C}$ を図示すると

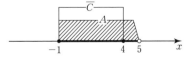

よって，$A\cup\overline{C}=\{x|-1\leqq x<5\}$

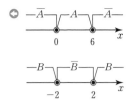

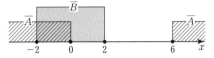

◐ ド・モルガンの法則
$$\overline{A\cup B}=\overline{A}\cap\overline{B}$$
$$\overline{A\cap B}=\overline{A}\cup\overline{B}$$

◐ ド・モルガンの法則

32 (1) $|x-a|<1$ より

$-1<x-a<1$

よって，$a-1<x<a+1$

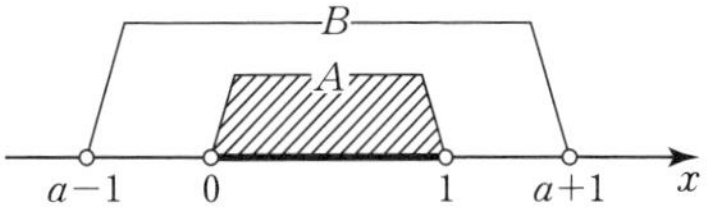

$A\subset B$ となるためには，図より

$a-1\leqq 0$ かつ $1\leqq a+1$

$a\leqq 1$ かつ $0\leqq a$

よって，$\mathbf{0\leqq a\leqq 1}$

(2) $A\cap B=\varnothing$ となるためには，

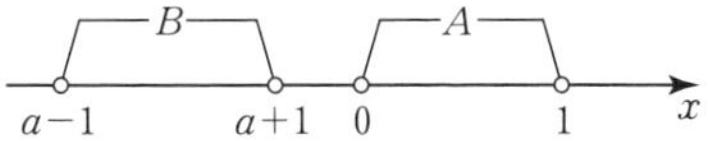

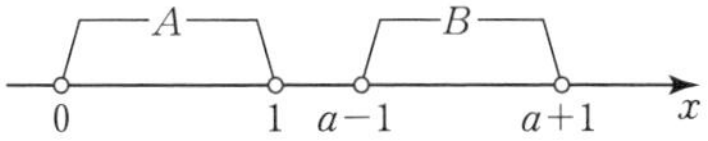

のときだから

$a+1\leqq 0$ または $1\leqq a-1$

$a\leqq -1$ または $2\leqq a$

よって，$A\cap B\neq\varnothing$ となるためには

$\mathbf{-1<a<2}$

右側の注釈：

◆ $|A|<r$ $(r>0)$

$\iff -r<A<r$

◆ 両端の符号について

$a=1$ のとき，集合 B は

$0<x<2$

$a=0$ のとき，集合 B は

$-1<x<1$

どちらの場合も，$A\subset B$ が成り立つ。

◆ $A\cap B=\varnothing$ の補集合が

$A\cap B\neq\varnothing$

Challenge

$x^2-3ax+2a^2\leqq 0$ より

$(x-a)(x-2a)\leqq 0$

$a>0$ だから $a<2a$

よって，$a\leqq x\leqq 2a$

すなわち $A=\{x\,|\,a\leqq x\leqq 2a\}$

$x^2+x-2\geqq 0$ より

$(x+2)(x-1)\geqq 0$

よって，$x\leqq -2,\ 1\leqq x$

すなわち $B=\{x\,|\,x\leqq -2,\ 1\leqq x\}$

(1) $A\cap B=\varnothing$ は，下図のように A と B の共通部分がなければよい。

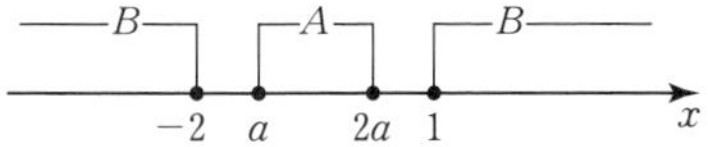

よって，$-2<a$ かつ $2a<1$ より $-2<a<\dfrac{1}{2}$

$a>0$ なので $\mathbf{0<a<\dfrac{1}{2}}$

右側の注釈：

◆ $\varnothing$ は空集合で，集合に含まれる要素が1つもない集合

(2) $\overline{A}\cup B=$ {実数全体} は，すべての x の値が $\overline{A}$ または B に含まれていればよい。したがって，$a>0$ なので下図のようになればよい。

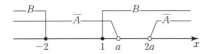

よって，$a\geqq 1$

33 $A=$ {4 の倍数}，$B=$ {6 の倍数} とすると
$100\div 4=25$　より　$n(A)=25$
$100\div 6=16$ あまり 4　より　$n(B)=16$
$A\cap B$ は 12 の倍数の集合だから
$100\div 12=8$ あまり 4　より
　$n(A\cap B)=8$
また，
　$n(A\cup B)=n(A)+n(B)-n(A\cap B)$
　　　　　　　$=25+16-8=33$

◯ 4 と 6 の最小公倍数である 12 の倍数。

◯ $A\cup B$ は 4 または 6 の倍数である集合。

Challenge

$A=$ {3 の倍数}，$B=$ {4 の倍数} とすると
$150\div 3=50$　より　$n(A)=50$
$150\div 4=37$ あまり 2　より　$n(B)=37$
$A\cap B$ は 12 の倍数で
$150\div 12=12$ あまり 6　より　$n(A\cap B)=12$
3 の倍数でも 4 の倍数でもないのは
　$n(\overline{A}\cap\overline{B})=n(\overline{A\cup B})$
　　　　　　　$=n(U)-n(A\cup B)$
ここで
　$n(A\cup B)=n(A)+n(B)-n(A\cap B)$
　　　　　　　$=50+37-12=75$
よって，$n(\overline{A}\cap\overline{B})=150-75=75$
3 の倍数であるが 4 の倍数でないものは
　$n(A\cap\overline{B})=n(A)-n(A\cap B)$
　　　　　　　$=50-12=38$

◯ 3 かつ 4 の倍数は 12 の倍数。

◯
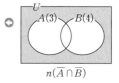
$n(\overline{A}\cap\overline{B})$

◯
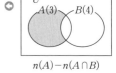
$n(A)-n(A\cap B)$

34 (1) 「$a\ne 1$ または $b\ne 2$」
(2) 「ある x について $x^2-1\leqq 0$」
(3) 「m，n はともに偶数」

Challenge

(1) 「$a+b \leqq 0$ ならば $a \leqq 0$ または $b \leqq 0$ である」

(2) 「$(x-1)(y-2) \neq 0$ ならば $x \neq 1$ かつ $y \neq 2$ である」

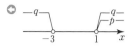

命題「p ならば q である」に対して
対偶は「$\overline{q}$ ならば $\overline{p}$ である」

35 (1) q の $x^2+2x-3>0$ は
$(x+3)(x-1)>0$
$x<-3,\ 1<x$
よって，$p \underset{\Longleftarrow}{\Longrightarrow} q$ だから，**十分条件**。

(2) p の $|x|>1$ は，$x<-1,\ 1<x$
よって，$p \overset{\Longleftarrow}{\Longrightarrow} q$ だから，**必要条件**。

(3) q の $x^2<3$ は，$-\sqrt{3}<x<\sqrt{3}$
よって，$p \rightleftarrows q$ だから，**必要十分条件**。

(4) $a=-2,\ b=1$ のとき
$p:(-2)^2>1^2$ で成り立つ。
$q:-2>1$ で成り立たない。
$a=2,\ b=-3$ のとき
$p:2^2>(-3)^2$ で成り立たない。
$q:2>-3$ で成り立つ。
よって，$p \overset{\times}{\underset{\times}{\rightleftarrows}} q$ だから，**必要条件でも十分条件でもない**。

Challenge

(1) $a=\sqrt{2},\ b=\sqrt{2}$ のとき，$ab=2$ で整数となる。
したがって，
ab が整数 $\underset{\Longleftarrow}{\Longrightarrow}$ $a,\ b$ が整数 である。
よって，**必要条件**。

a と b が整数ならば，その積 ab は整数である。これには例外はない。
しかし，$ab=2$ となる $a,\ b$ は $a=\sqrt{2}$，$b=\sqrt{2}$ 以外にも，$a=\sqrt{12}$，$b=\dfrac{\sqrt{3}}{3}$ など，いくらでもある。

(2) $\alpha=\beta \longrightarrow \sin\alpha=\sin\beta$ は成り立つ。
$\sin 30°=\sin 150°$ だから，必ずしも
$\sin\alpha=\sin\beta$ のとき $\alpha=\beta$ とは限らない。
よって，$\alpha=\beta \overset{\Longrightarrow}{\Longleftarrow} \sin\alpha=\sin\beta$ である。
ゆえに，**十分条件**。

36 (1) $AB^2=3^2+1^2=10$
$AB=\sqrt{10}$
$\sin\theta=\dfrac{1}{\sqrt{10}}=\dfrac{\sqrt{10}}{10}$
$\cos\theta=\dfrac{3}{\sqrt{10}}=\dfrac{3\sqrt{10}}{10}$
$\tan\theta=\dfrac{1}{3}$

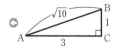

(2) $\sin 30° = \dfrac{BD}{4\sqrt{3}}$

よって，$BD = 4\sqrt{3}\,\sin 30°$

$\qquad\qquad = 4\sqrt{3} \times \dfrac{1}{2} = 2\sqrt{3}$

$\cos 30° = \dfrac{AD}{4\sqrt{3}}$

よって，$AD = 4\sqrt{3}\,\cos 30°$

$\qquad\qquad = 4\sqrt{3} \times \dfrac{\sqrt{3}}{2} = 6$

$\tan C = \dfrac{BD}{CD} = \dfrac{2\sqrt{3}}{4\sqrt{3}-6} = \dfrac{2\sqrt{3}}{2\sqrt{3}(2-\sqrt{3})}$

$\qquad = \dfrac{2+\sqrt{3}}{(2-\sqrt{3})(2+\sqrt{3})} = \dfrac{2+\sqrt{3}}{4-3}$

$\qquad = 2+\sqrt{3}$

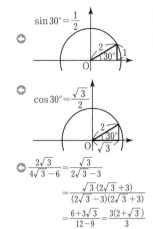

$\sin 30° = \dfrac{1}{2}$

$\cos 30° = \dfrac{\sqrt{3}}{2}$

$\dfrac{2\sqrt{3}}{4\sqrt{3}-6} = \dfrac{\sqrt{3}}{2\sqrt{3}-3}$

$\qquad = \dfrac{\sqrt{3}(2\sqrt{3}+3)}{(2\sqrt{3}-3)(2\sqrt{3}+3)}$

$\qquad = \dfrac{6+3\sqrt{3}}{12-9} = \dfrac{3(2+\sqrt{3})}{3}$

$\qquad = 2+\sqrt{3}$

Challenge

(1) $\tan 60° = \dfrac{2}{CD}$

$\quad \sqrt{3} = \dfrac{2}{CD}$ よって，$CD = \dfrac{2}{\sqrt{3}} = \dfrac{2\sqrt{3}}{3}$

(2) $\triangle ABD$ で $\angle ADB = 120°$，$DA = DB$ だから

$\quad \angle ABD = \angle DAB$

よって，$\angle ABD = \dfrac{1}{2} \times (180° - 120°) = 30°$

(3) $\angle ABC = 30° + 30° = 60°$

$\quad \cos 60° = \dfrac{BC}{AB} = \dfrac{2}{AB}$

よって，$\dfrac{1}{2} = \dfrac{2}{AB}$ より $AB = 4$

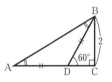

37 (1) $\sin 120° + \cos 150° + \tan 45°$

$\qquad = \dfrac{\sqrt{3}}{2} - \dfrac{\sqrt{3}}{2} + 1 = 1$

(2) $\sin 60° \cos 120° + \tan 30° \cos 30°$

$\qquad = \dfrac{\sqrt{3}}{2} \cdot \left(-\dfrac{1}{2}\right) + \dfrac{\sqrt{3}}{3} \cdot \dfrac{\sqrt{3}}{2}$

$\qquad = -\dfrac{\sqrt{3}}{4} + \dfrac{1}{2} = \dfrac{2-\sqrt{3}}{4}$

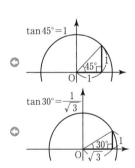

$\tan 45° = 1$

$\tan 30° = \dfrac{1}{\sqrt{3}}$

Challenge

$$\frac{\sin 150°}{\sin 135° - \tan 30°} - \frac{\cos 60°}{\cos 45° + \tan 150°}$$

$$= \frac{\dfrac{1}{2}}{\dfrac{\sqrt{2}}{2} - \dfrac{\sqrt{3}}{3}} - \frac{\dfrac{1}{2}}{\dfrac{\sqrt{2}}{2} - \dfrac{\sqrt{3}}{3}} = \mathbf{0}$$

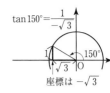

$$\tan 150° = \frac{1}{-\sqrt{3}}$$

座標は $-\sqrt{3}$

⬅ 2つの項の分母と分子が同じなので，差が 0 であることがわかる。

38 $\sin^2\theta + \cos^2\theta = 1$ より

$\sin^2\theta = 1 - \cos^2\theta$

$$= 1 - \left(-\frac{2}{5}\right)^2 = \frac{21}{25}$$

$0° \le \theta \le 180°$ より $\sin\theta \ge 0$

よって，$\sin\theta = \sqrt{\dfrac{21}{25}} = \dfrac{\sqrt{21}}{5}$

$\tan\theta = \dfrac{\sin\theta}{\cos\theta} = \dfrac{\sqrt{21}}{5} \div \left(-\dfrac{2}{5}\right) = -\dfrac{\sqrt{21}}{2}$

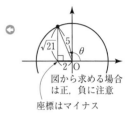

⬅

図から求める場合は正，負に注意

座標はマイナス

Challenge

$1 + \tan^2\theta = \dfrac{1}{\cos^2\theta}$ だから

$$1 + \left(-\frac{1}{2}\right)^2 = \frac{1}{\cos^2\theta}$$

$\dfrac{5}{4} = \dfrac{1}{\cos^2\theta}$ より $\cos^2\theta = \dfrac{4}{5}$

$0° \le \theta \le 180°$ で，$\tan\theta = -\dfrac{1}{2} < 0$ だから

$\cos\theta < 0$

よって，$\cos\theta = -\sqrt{\dfrac{4}{5}} = -\dfrac{2\sqrt{5}}{5}$

$\sin\theta = \cos\theta\tan\theta$ だから

$$= -\frac{2\sqrt{5}}{5} \cdot \left(-\frac{1}{2}\right) = \frac{\sqrt{5}}{5}$$

⬅

図から求める場合は正，負に注意

座標はマイナス

別解

$\sin^2\theta = 1 - \cos^2\theta = 1 - \left(\dfrac{2\sqrt{5}}{5}\right)^2 = \dfrac{1}{5}$

$\sin\theta > 0$ より $\sin\theta = \sqrt{\dfrac{1}{5}} = \dfrac{\sqrt{5}}{5}$

39 $\sin\theta + \cos\theta = \dfrac{1}{\sqrt{5}}$ の両辺を 2 乗して

$$(\sin\theta + \cos\theta)^2 = \left(\frac{1}{\sqrt{5}}\right)^2$$

$$\sin^2\theta + 2\sin\theta\cos\theta + \cos^2\theta = \frac{1}{5}$$

⬅ $(x+y)^2 = x^2 + 2xy + y^2$

積が出てくる

$$2\sin\theta\cos\theta = \frac{1}{5} - 1 = -\frac{4}{5}$$

よって，$\sin\theta\cos\theta = -\dfrac{2}{5}$

$$\begin{aligned}
\tan\theta + \frac{1}{\tan\theta} &= \frac{\sin\theta}{\cos\theta} + \frac{\cos\theta}{\sin\theta}\\
&= \frac{\sin^2\theta + \cos^2\theta}{\cos\theta\sin\theta} = \frac{1}{-\dfrac{2}{5}}\\
&= -\frac{5}{2}
\end{aligned}$$

$$\begin{aligned}
&\sin^3\theta + \cos^3\theta\\
&= (\sin\theta + \cos\theta)(\sin^2\theta - \sin\theta\cos\theta + \cos^2\theta)\\
&= \frac{1}{\sqrt{5}} \cdot \left\{ 1 - \left(-\frac{2}{5} \right) \right\}\\
&= \frac{1}{\sqrt{5}} \cdot \frac{7}{5} = \frac{7\sqrt{5}}{25}
\end{aligned}$$

◆ $\dfrac{1}{\tan\theta} = \dfrac{1}{\dfrac{\sin\theta}{\cos\theta}} = \dfrac{\cos\theta}{\sin\theta}$

◆ $a^3 + b^3$
$= (a+b)(a^2 - ab + b^2)$

別 解

$$\begin{aligned}
&\sin^3\theta + \cos^3\theta\\
&= (\sin\theta + \cos\theta)^3 - 3\sin\theta\cos\theta(\sin\theta + \cos\theta)\\
&= \left(\frac{1}{\sqrt{5}} \right)^3 - 3\left(-\frac{2}{5} \right) \cdot \frac{1}{\sqrt{5}}\\
&= \frac{1}{5\sqrt{5}} + \frac{6}{5\sqrt{5}} = \frac{7\sqrt{5}}{25}
\end{aligned}$$

◆ $x^3 + y^3$
$= (x+y)^3 - 3xy(x+y)$

Challenge

$\sin\theta - \cos\theta = \dfrac{1}{2}$ の両辺を 2 乗して

$$\left(\sin\theta - \cos\theta \right)^2 = \left(\frac{1}{2} \right)^2$$

$$\sin^2\theta - 2\sin\theta\cos\theta + \cos^2\theta = \frac{1}{4}$$

$$-2\sin\theta\cos\theta = \frac{1}{4} - 1 = -\frac{3}{4}$$

よって，$\sin\theta\cos\theta = \dfrac{3}{8}$

$$\begin{aligned}
&(\sin\theta + \cos\theta)^2\\
&= \sin^2\theta + 2\sin\theta\cos\theta + \cos^2\theta\\
&= 1 + 2 \cdot \frac{3}{8} = \frac{7}{4}
\end{aligned}$$

ここで

$0° \leqq \theta \leqq 180°$ で $\sin\theta\cos\theta = \dfrac{3}{8} > 0$

◆ $(x-y)^2 = x^2 - 2xy + y^2$
↑
積が出てくる

◆ $\sin\theta + \cos\theta$ が直接求まらないので 2 乗した値で考える。

だから　$\sin\theta>0$，$\cos\theta>0$
よって，$\sin\theta+\cos\theta>0$ だから
$$\sin\theta+\cos\theta=\sqrt{\frac{7}{4}}=\frac{\sqrt{7}}{2}$$

◯ $(\sin\theta+\cos\theta)^2=\dfrac{7}{4}$ から

$\sin\theta+\cos\theta=\pm\dfrac{\sqrt{7}}{2}$

で終わりにしてはいけない。
2乗して求めているので，吟味
が必要になる。

40 (1)　$2\cos\theta+1=0$ より $\cos\theta=-\dfrac{1}{2}$

　　　右図より　$\theta=120°$

◯
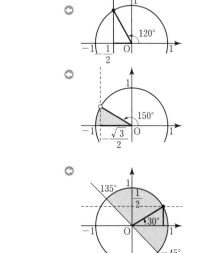

(2)　右図より　$150°<\theta\leqq180°$

◯

(3)　$-45°\leqq\theta-45°\leqq135°$
　　　右図より　$\theta-45°=30°$
　　　よって，$\theta=75°$

◯

(4)　$\sqrt{3}\tan\theta+1<0$ より

　　　$\tan\theta<-\dfrac{1}{\sqrt{3}}$

　　　右図より　$90°<\theta<150°$

◯

$\tan\theta$ の値

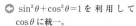

Challenge

$2\sin^2\theta-\cos\theta-1=0$
$2(1-\cos^2\theta)-\cos\theta-1=0$
$2\cos^2\theta+\cos\theta-1=0$
$(2\cos\theta-1)(\cos\theta+1)=0$
　　$\cos\theta=\dfrac{1}{2}$，-1
$0°\leqq\theta\leqq180°$ だから右図より
　$\theta=60°$，$180°$

◯ $\sin^2\theta+\cos^2\theta=1$ を利用して
$\cos\theta$ に統一。

◯
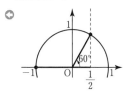

41 $0° \leqq x \leqq 180°$ のとき $0 \leqq \sin x \leqq 1$

$$y = \cos^2 x + 2\sin x + 1$$
$$= (1 - \sin^2 x) + 2\sin x + 1$$
$$= -\sin^2 x + 2\sin x + 2$$

◆ $\cos^2 x = 1 - \sin^2 x$ を代入。

$\sin x = t$ とおくと

$0° \leqq x \leqq 180°$ だから $0 \leqq t \leqq 1$

$$y = -t^2 + 2t + 2 \quad (0 \leqq t \leqq 1)$$
$$= -(t-1)^2 + 3$$

◆ $\sin x = t$ と置き換えたとき，定義域をしっかり押さえる。

右のグラフより

$t = 1$ のとき 最大値 **3**

$t = 0$ のとき 最小値 **2**

$\left(\begin{array}{l} t = 1 \text{ のときの } x \text{ の値は} \\ \quad \sin x = 1 \text{ より } x = 90° \\ t = 0 \text{ のときの } x \text{ の値は} \\ \quad \sin x = 0 \text{ より } x = 0°, \ 180° \end{array}\right)$

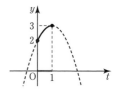

Challenge

$$y = \cos\theta + \sin^2\theta$$
$$= \cos\theta + (1 - \cos^2\theta)$$
$$= -\cos^2\theta + \cos\theta + 1$$

◆ $\sin^2\theta = 1 - \cos^2\theta$ を代入

$\cos\theta = t$ とおくと

$$y = -t^2 + t + 1 \quad (-1 \leqq t \leqq 1)$$
$$= -\left(t - \frac{1}{2}\right)^2 + \frac{5}{4}$$

◆ $0° \leqq \theta \leqq 180°$ のとき
$-1 \leqq t \leqq 1$

右のグラフより

$t = \dfrac{1}{2}$ すなわち $\cos\theta = \dfrac{1}{2}$ より

$\theta = 60°$ のとき，最大値 $\dfrac{5}{4}$

$t = -1$ すなわち $\cos\theta = -1$ より

$\theta = 180°$ のとき，最小値 -1

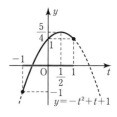

42 (1)

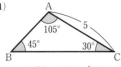

$\angle \mathrm{ACB} = 180° - (105° + 45°) = 30°$ だから

◆ 2角がわかっているとき，残りの角を求める。

正弦定理より

$$\frac{5}{\sin 45°} = \frac{\mathrm{AB}}{\sin 30°} = 2R$$

◆ 1辺と2角がわかっているとき，正弦定理を使うことが多い。

よって，$\mathrm{AB} = \dfrac{5}{\sin 45°} \times \sin 30° = 5 \times \dfrac{2}{\sqrt{2}} \times \dfrac{1}{2} = \dfrac{5\sqrt{2}}{2}$

よって，$R = \dfrac{5}{2\sin 45°} = \dfrac{5}{2} \times \dfrac{2}{\sqrt{2}} = \dfrac{5\sqrt{2}}{2}$

(2)

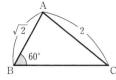

正弦定理より

$$\frac{2}{\sin 60°}=\frac{\sqrt{2}}{\sin C}$$

$$2\sin C=\sqrt{2}\sin 60°$$

$$\sin C=\frac{\sqrt{2}}{2}\times\frac{\sqrt{3}}{2}=\frac{\sqrt{6}}{4}$$

$$\cos^2 C=1-\sin^2 C \quad \text{より}$$

$$=1-\left(\frac{\sqrt{6}}{4}\right)^2=\frac{5}{8}$$

$\angle B>\angle C$ より

$\cos C>0$ だから $\cos C=\sqrt{\dfrac{5}{8}}=\dfrac{\sqrt{5}}{2\sqrt{2}}$

よって，$\cos C=\dfrac{\sqrt{10}}{4}$

🔵 いきなり余弦定理から $\cos C$ を求めようとしても，BC の値がわからないから無理である。

🔵 $\cos C$ が無理なら $\sin C$ を考えてみる。sin は正弦定理で。

🔵 $\sin\theta$ と $\cos\theta$ は $\sin^2\theta+\cos^2\theta=1$ で結ばれている。

🔵 AB<AC より $\angle B>\angle C$

Challenge

$$\sin A:\sin B:\sin C=5:6:7$$
$$=a:b:c \quad \text{だから}$$
$$a=5k,\ b=6k,\ c=7k$$

とおくと，最小の角は最小の辺の対角 A である。

よって，$\cos\theta=\dfrac{(6k)^2+(7k)^2-(5k)^2}{2\cdot 6k\cdot 7k}$

$$=\frac{36k^2+49k^2-25k^2}{84k^2}=\frac{60k^2}{84k^2}=\frac{5}{7}$$

🔵 $a:b:c=5:6:7$ のとき $a=5$，$b=6$，$c=7$ としない。k を用いて比で表す。

43 (1) 余弦定理より

$$BC^2=7^2+4^2-2\cdot 7\cdot 4\cdot\cos 60°$$
$$=49+16-2\cdot 7\cdot 4\cdot\frac{1}{2}=37$$

$BC>0$ より，$BC=\sqrt{37}$

(2) 余弦定理より

$$\cos A=\frac{3^2+8^2-7^2}{2\cdot 3\cdot 8}$$
$$=\frac{9+64-49}{48}=\frac{1}{2}$$

$0°<A<180°$ だから $A=60°$

B から辺 AC に下ろした垂線を BH とすると

$$\sin A=\frac{BH}{AB} \quad \text{より} \quad \sin 60°=\frac{BH}{8}$$

🔵 2 辺とそのはさむ角がわかっているとき……余弦定理

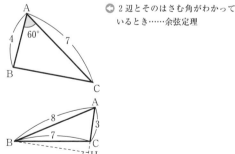

🔵 BH が出てくる三角比を考える。

よって，BH$=8\times\dfrac{\sqrt{3}}{2}=4\sqrt{3}$

Challenge

余弦定理より

$$2^2=(2\sqrt{3})^2+a^2-2\cdot2\sqrt{3}\cdot a\cdot\cos30°$$

$$4=12+a^2-4\sqrt{3}\,a\cdot\dfrac{\sqrt{3}}{2}$$

$$a^2-6a+8=0$$

$$(a-2)(a-4)=0$$

よって，$a=2$ または $a=4$

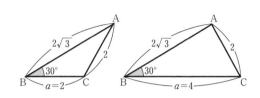

44 (1) 余弦定理より

$$\cos C=\dfrac{5^2+4^2-6^2}{2\cdot5\cdot4}=\dfrac{25+16-36}{40}=\dfrac{1}{8}$$

(2) $\sin^2 C=1-\cos^2 C=1-\left(\dfrac{1}{8}\right)^2=\dfrac{63}{64}$

$\sin C>0$ だから $\sin C=\sqrt{\dfrac{63}{64}}=\dfrac{3\sqrt{7}}{8}$

よって，面積は

$$\triangle ABC=\dfrac{1}{2}\cdot5\cdot4\cdot\sin C=\dfrac{1}{2}\cdot5\cdot4\cdot\dfrac{3\sqrt{7}}{8}$$

$$=\dfrac{15\sqrt{7}}{4}$$

◑ $S=\dfrac{1}{2}xy\sin\theta$ に代入

Challenge

余弦定理より

$$13^2=AC^2+8^2-2\cdot AC\cdot8\cdot\cos120°$$

$$169=AC^2+64-16AC\cdot\left(-\dfrac{1}{2}\right)$$

$$AC^2+8AC-105=0$$

$$(AC+15)(AC-7)=0$$

よって，AC>0 より AC$=7$

$$\triangle ABC=\dfrac{1}{2}\cdot7\cdot8\cdot\sin120°$$

$$=\dfrac{1}{2}\cdot7\cdot8\cdot\dfrac{\sqrt{3}}{2}=14\sqrt{3}$$

$\triangle ABC$ の内接円の半径を r とすると

$$\triangle ABC=\dfrac{1}{2}r(AB+BC+CA)$$

$$14\sqrt{3}=\dfrac{1}{2}r(8+13+7)=14r$$

よって，$r=\sqrt{3}$

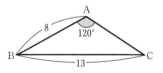

$\triangle ABC$ の面積 S と 3 辺 a, b, c
内接円の半径 r との関係

$$\triangle ABC=\triangle OAB+\triangle OBC$$
$$+\triangle OCA$$

$$=\dfrac{1}{2}cr+\dfrac{1}{2}ar+\dfrac{1}{2}br$$

$$\therefore\ S=\dfrac{1}{2}r(a+b+c)$$

45 三角形の面積を考えると

△ABC＝△ABD＋△ACD　だから

$$\frac{1}{2}\cdot 4\cdot 6\cdot \sin 60° = \frac{1}{2}\cdot 6\cdot AD\cdot \sin 30° + \frac{1}{2}\cdot 4\cdot AD\cdot \sin 30°$$

$$\frac{1}{2}\cdot 4\cdot 6\cdot \frac{\sqrt{3}}{2} = \frac{1}{2}\cdot 6\cdot AD\cdot \frac{1}{2} + \frac{1}{2}\cdot 4\cdot AD\cdot \frac{1}{2}$$

$$24\sqrt{3} = 10AD$$

よって，$AD = \dfrac{\mathbf{12\sqrt{3}}}{\mathbf{5}}$

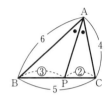

Challenge

AP が ∠A の 2 等分線だから

BP : PC＝AB : AC＝6 : 4

$=3 : 2$

よって，$BP = BC\times \dfrac{3}{3+2} = 5\times \dfrac{3}{5} = \mathbf{3}$

△ABC に余弦定理を適用して

$$\cos B = \frac{6^2+5^2-4^2}{2\cdot 6\cdot 5} = \frac{45}{60} = \frac{3}{4}$$

△ABP に余弦定理を適用して

$$AP^2 = 6^2+3^2-2\cdot 6\cdot 3\cdot \cos B$$

$$= 36+9-36\cdot \frac{3}{4} = 18$$

よって，$AP = \sqrt{18} = \mathbf{3\sqrt{2}}$

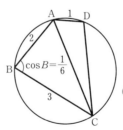

46 △ABC に余弦定理を適用して

$$AC^2 = 2^2+3^2-2\cdot 2\cdot 3\cdot \cos B$$

$$= 4+9-12\cdot \frac{1}{6} = 11$$

よって，$AC = \sqrt{11}$

CD＝x として，△ACD に余弦定理を
適用すると

$$(\sqrt{11})^2 = 1^2+x^2-2\cdot 1\cdot x\cdot \cos(180°-B)$$

$\cos(180°-B) = -\cos B = -\dfrac{1}{6}$　だから

$$11 = 1+x^2-2x\cdot \left(-\frac{1}{6}\right)$$

よって，$x^2+\dfrac{1}{3}x-10 = 0$

$3x^2+x-30 = 0$　　　$(x-3)(3x+10) = 0$

よって，$x>0$ だから　$x = CD = \mathbf{3}$

◆円に内接する四角形の向かい合
う角　$B+D = 180°$

◆$\cos(180°-\theta) = -\cos\theta$

◆係数は整数にしておく。

◆
$$1 \diagdown -3 \cdots\cdots -9$$
$$3 \diagup 10 \cdots\cdots \underline{10}$$
$$1$$

Challenge

△ABD に余弦定理を適用して
$$BD^2 = 4^2 + 5^2 - 2 \cdot 4 \cdot 5 \cdot \cos A$$
$$= 41 - 40 \cos A \quad \cdots\cdots ①$$
△BCD に余弦定理を適用して
$$BD^2 = 1^2 + 4^2 - 2 \cdot 1 \cdot 4 \cdot \cos(180° - A)$$
$$= 17 + 8 \cos A \quad \cdots\cdots ②$$
①＝②より
$$41 - 40 \cos A = 17 + 8 \cos A$$
$$48 \cos A = 24$$
よって，$\cos A = \dfrac{1}{2}$

四角形 ABCD の面積は，$A = 60°$ だから
$$\triangle ABD + \triangle CBD = \frac{1}{2} \cdot 4 \cdot 5 \cdot \sin 60° + \frac{1}{2} \cdot 1 \cdot 4 \cdot \sin 120°$$
$$= \frac{1}{2} \cdot 4 \cdot 5 \cdot \frac{\sqrt{3}}{2} + \frac{1}{2} \cdot 1 \cdot 4 \cdot \frac{\sqrt{3}}{2} = 6\sqrt{3}$$

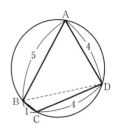

⬥ $A + C = 180°$ より $C = 180° - A$
⬥ $\cos(180° - A) = -\cos A$

47 (1) H は△ABC の重心になる。
BC の中点を D とすると
$$AD = \frac{\sqrt{3}}{2}, \quad AH : HD = 2 : 1 \text{ だから}$$
$$AH = \frac{2}{3} AD = \frac{2}{3} \cdot \frac{\sqrt{3}}{2} = \frac{\sqrt{3}}{3}$$
$$OH^2 = OA^2 - AH^2 \text{ より}$$
$$= 1 - \left(\frac{\sqrt{3}}{3}\right)^2 = 1 - \frac{1}{3} = \frac{2}{3}$$
よって，$OH = \sqrt{\dfrac{2}{3}} = \dfrac{\sqrt{6}}{3}$

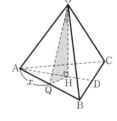

(2) △QAH において，$\angle QAH = 30°$ だから，余弦定理より
$$QH^2 = \left(\frac{\sqrt{3}}{3}\right)^2 + x^2 - 2 \cdot \left(\frac{\sqrt{3}}{3}\right) \cdot x \cdot \cos 30°$$
$$= \frac{1}{3} + x^2 - \frac{2\sqrt{3}}{3} \cdot x \cdot \frac{\sqrt{3}}{2} = \frac{1}{3} + x^2 - x$$
よって，$QH = \sqrt{x^2 - x + \dfrac{1}{3}}$

Challenge

(1) $S = \dfrac{1}{2} \cdot QH \cdot OH$
$$= \frac{1}{2} \sqrt{x^2 - x + \frac{1}{3}} \cdot \frac{\sqrt{6}}{3} = \frac{1}{6} \sqrt{6x^2 - 6x + 2}$$

(2) $S=\dfrac{1}{6}\sqrt{6\left(x-\dfrac{1}{2}\right)^2+\dfrac{1}{2}}$ と変形。

$x=\dfrac{1}{2}$ のとき，S は最小値をとり

最小値は $\dfrac{1}{6}\sqrt{\dfrac{1}{2}}=\dfrac{\sqrt{2}}{12}$

◆ ルートの中の平方完成。

$$6x^2-6x+2$$
$$=6(x^2-x)+2$$
$$=6\left\{\left(x-\dfrac{1}{2}\right)^2-\dfrac{1}{4}\right\}+2$$
$$=6\left(x-\dfrac{1}{2}\right)^2-\dfrac{3}{2}+2$$
$$=6\left(x-\dfrac{1}{2}\right)^2+\dfrac{1}{2}$$

48 (1) データの数は20だから

$1+3+5+x+4+y+2=20$

よって，$x+y=5$ ……①

平均値が4点だから

$\dfrac{1}{20}(1\times1+2\times3+3\times5+4x+5\times4+6y+7\times2)=4$

$56+4x+6y=80$

よって，$4x+6y=24$ ……②

①，②を解いて

$x=3,\ y=2$

◆ 得点の総数を人数の20で割る。

◆ ②−①×4
$$\begin{array}{r}4x+6y=24\\ -)\ 4x+4y=20\\ \hline 2y=4\end{array}$$

(2) 中央値が4.5点だから，小さい方から10番目は4で，大きい方から10番目は5である。

ゆえに，$1+3+5+x=10$ より $x=1$

　　　　$2+y+4=10$ より $y=4$

よって，$x=1,\ y=4$

Challenge

最頻値が3点だから　$x\leqq4$ かつ $y\leqq4$

①より　$y=5-x\leqq4$　よって，$x\geqq1$

ゆえに，$1\leqq x\leqq4$ より　$x=1,\ 2,\ 3,\ 4$

◆ 最頻値の3点は，5人なので3点以外の人数は，すべて4人以下である。

49 (1) A の四分位範囲は $Q_1=55$，$Q_3=75$ だから

$Q_3-Q_1=75-55=20$

B の四分位範囲は $Q_1=40$，$Q_3=70$ だから

$Q_3-Q_1=70-40=30$

よって，B の方が大きいから正しいとはいえない。

(2) A，B とも80点以上は1人以上，12人以下と考えられるからBの方が少ないとはいえない。

よって，正しいとはいえない。

(3) A は $Q_3=75$ だから75点以上は13人以上で，

B は $Q_3=70$ だから75点以上は12人以下である。

よって，A の方が多いから正しい。

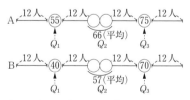

（Q_2 は小さい方から25番目と大きい方から25番目の平均）

Challenge

20 点以上，40 点以下の人数は，A が $Q_1=55$ だから多くても 12 人，B が $Q_1=40$ だから少なくとも 13 人いる。

よって，B の方が多いといえる。

50 $\bar{x}=\dfrac{1}{5}(6+10+4+13+7)=\dfrac{1}{5}\times40=\mathbf{8}$

$s^2=\dfrac{1}{5}\{(6-8)^2+(10-8)^2+(4-8)^2+(13-8)^2+(7-8)^2\}$ ⟳偏差の 2 乗の平均値。

$\quad=\dfrac{1}{5}(4+4+16+25+1)$

$\quad=\dfrac{1}{5}\times50=\mathbf{10}$

$s=\sqrt{s^2}=\sqrt{\mathbf{10}}$

別解

$s^2=\dfrac{1}{5}(6^2+10^2+4^2+13^2+7^2)-8^2$ ⟳(2乗の平均値)−(平均値)^2

$\quad=\dfrac{1}{5}(36+100+16+169+49)-64$

$\quad=\dfrac{1}{5}\times370-64$

$\quad=74-64=\mathbf{10}$

Challenge

15 個のデータの合計は

$\quad10\times6+5\times12=120$ ⟳(データの合計)
$\qquad\qquad\qquad\qquad\qquad=$(平均値)×(データの数)

よって，15 個のデータの平均値は

$\quad\dfrac{120}{15}=\mathbf{8}$

15 個のデータを x_1，x_2，$\cdots$，x_{15} とする。

x_1，x_2，$\cdots$，x_{10} の平均値が 6，分散が 4 だから

$\quad\dfrac{x_1{}^2+x_2{}^2+\cdots+x_{10}{}^2}{10}-6^2=4$ より ⟳(分散)
$\qquad\qquad\qquad\qquad\qquad=$(2乗の平均値)−(平均値)^2

$\quad x_1{}^2+x_2{}^2+\cdots+x_{10}{}^2=400$ ……①

x_{11}，x_{12}，$\cdots$，x_{15} の平均値が 12，分散が 7 だから

$\quad\dfrac{x_{11}{}^2+x_{12}{}^2+\cdots+x_{15}{}^2}{5}-12^2=7$ より

$\quad x_{11}{}^2+x_{12}{}^2+\cdots+x_{15}{}^2=755$ ……②

15 個のデータの分散は

$\quad\dfrac{x_1{}^2+x_2{}^2+\cdots+x_{15}{}^2}{15}-8^2$

$\quad=\dfrac{400+755}{15}-64$

$\quad=77-64=\mathbf{13}$

別 解

$$\begin{pmatrix} x_1{}^2 + x_2{}^2 + \cdots + x_{10}{}^2 = a \\ x_{11}{}^2 + x_{12}{}^2 + \cdots + x_{15}{}^2 = b \end{pmatrix}$$
と 1 つにまとめて表してもよい。

始めの 10 個のデータの 2 乗の和を a，残りの 5 個のデータの
2 乗の和を b とすると

$$\frac{a}{10} - 6^2 = 4 \quad \text{より} \quad a = 400$$

$$\frac{b}{5} - 12^2 = 7 \quad \text{より} \quad b = 755$$

15 個のデータの分散は

$$\frac{a+b}{15} - 8^2 = \frac{400+755}{15} - 64$$
$$= 77 - 64 = \mathbf{13}$$

51 x の平均値を $\overline{x}$，分散を $s_x{}^2$
y の平均値を $\overline{y}$，分散を $s_y{}^2$
x と y の共分散を s_{xy} とすると

$$\overline{x} = \frac{1}{5}(12 + 14 + 11 + 8 + 10) = 11$$

$$\overline{y} = \frac{1}{5}(11 + 12 + 14 + 10 + 8) = 11$$

よって，共分散は

$$s_{xy} = \frac{1}{5}\{(12-11)(11-11) + (14-11)(12-11)$$
$$+ (11-11)(14-11) + (8-11)(10-11)$$
$$+ (10-11)(8-11)\} = \frac{\mathbf{9}}{\mathbf{5}}$$

Challenge

$$s_x{}^2 = \frac{1}{5}\{(11-12)^2 + (11-14)^2 + (11-11)^2$$
$$+ (8-11)^2 + (10-11)^2\}$$
$$= \frac{20}{5} = 4$$

◑ 偏差の 2 乗の平均値

$$s_y{}^2 = \frac{1}{5}\{(11-11)^2 + (11-12)^2 + (11-14)^2$$
$$+ (11-10)^2 + (11-8)^2\}$$
$$= \frac{20}{5} = 4$$

◑ 偏差の 2 乗の平均値

よって，相関係数を r とすると

$$r = \frac{s_{xy}}{s_x s_y} = \frac{\dfrac{9}{5}}{\sqrt{4}\sqrt{4}} = \frac{9}{20} = \mathbf{0.45}$$

$$\left(\begin{array}{l} \text{分散を求めるのに，この場合は} \\ s^2=\dfrac{1}{n}(x_1{}^2+x_2{}^2+\cdots+x_n{}^2)-(\bar{x})^2 \\ \text{の公式を使うと計算が少し面倒になる。} \end{array} \right)$$

52 検証したいことは
　　「新しい宣伝は効果があった」
かどうかだから仮説を
　　「新しい宣伝は効果がなかった」
として棄却域を決める。

⬈ 仮説は検証したいこととは反対のことを仮説にする。

平均値が 247 個，標準偏差が 15.3 だから
　　$247+2\times15.3=277.6$（個）

⬈ 仮説の棄却域を求める。

これより，棄却域は 278 個以上である。
280＞278 だから仮説は棄却される。よって，新しい宣伝は効果があったといえる。

Challenge

270＜278 だから仮説は棄却されない。よって，新しい宣伝は効果があったとはいえない。

53 目の和が 4 になる場合
　　(1, 3)，(2, 2)，(3, 1) の 3 通り。
目の和が 8 になる場合
　　(2, 6)，(3, 5)，(4, 4)，(5, 3)，(6, 2) の 5 通り。
目の和が 12 になる場合
　　(6, 6) の 1 通り。
よって，$3+5+1=\mathbf{9}$（通り）

⬈ 1つ1つ数えあげることも大切な方法である。

Challenge

次の各場合について

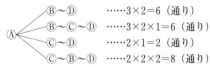

　　⋯⋯$3\times2=6$（通り）
　　⋯⋯$3\times2\times1=6$（通り）
　　⋯⋯$2\times1=2$（通り）
　　⋯⋯$2\times2\times2=8$（通り）
よって，$6+6+2+8=\mathbf{22}$（通り）

⬈ 積の法則を利用して，それぞれの場合の数を求め，和の法則を利用して，全体の総数を求める。

54 (1) ${}_8C_4=\dfrac{8\cdot7\cdot6\cdot5}{4\cdot3\cdot2\cdot1}=\mathbf{70}$（通り）

⬈ 8 人から 4 人を選ぶだけでよい。

${}_8P_4=8\cdot7\cdot6\cdot5=\mathbf{1680}$（通り）

⬈ どの席に座るかも関係する。

別解
${}_8C_4\times4!=70\times24=\mathbf{1680}$（通り）
選んで 並べる ＝ 順列

⬈ まず，${}_8C_4$ で 4 人を選び，4! で一列に並べると考える。すなわち ${}_8P_4$。

(2) ${}_{13}C_3=\dfrac{13\cdot12\cdot11}{3\cdot2\cdot1}=\mathbf{286}$（通り）

⬈ 13 人から 3 人を選ぶだけでよい。

$_{13}P_3=13\cdot12\cdot11=\mathbf{1716}$（通り）

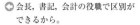
会長，書記，会計の役職で区別ができるから。

Challenge

(1)　3枚取り出して，1列に並べればよいから

$_9P_3=9\cdot8\cdot7=\mathbf{504}$（個）

(2)　9枚から3枚取り出して，取り出したカードの数の小さい順に並べればよいから

$_9C_3=\dfrac{9\cdot8\cdot7}{3\cdot2\cdot1}=\mathbf{84}$（通り）

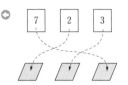
3枚選べば小さい順に並べる方法は1通り。

55 (1)　(i)　両端の女子の並べ方が

$_3P_2=6$（通り）

残りの7人の並べ方が

$_7P_7=7\cdot6\cdot5\cdot4\cdot3\cdot2\cdot1=5040$（通り）

よって，$_3P_2\times_7P_7=6\times5040=\mathbf{30240}$（通り）

(ii)　隣り合う女子3人を1つにまとめて並べる並べ方は

$_7P_7=5040$（通り）

女子3人の並べ替えが

$_3P_3=6$（通り）

よって，$_7P_7\times_3P_3=5040\times6=\mathbf{30240}$（通り）

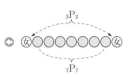

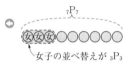
女子の並べ替えが $_3P_3$

(2)　まず，1と2が隣り合う場合の並べ方を求める。

1と2を1つにまとめて並べる並べ方は

$_4P_4=4\cdot3\cdot2\cdot1=24$（通り）

1と2の並べ替えが

$_2P_2=2$（通り）

よって　$_4P_4\times_2P_2=24\times2=48$（通り）

全体の並べ方は　$_5P_5=5\cdot4\cdot3\cdot2\cdot1=120$（通り）

よって，$120-48=\mathbf{72}$（個）

別解

始めに，3，4，5を並べて，その後1，2を右図のように並べる。

3，4，5の並べ方は

$_3P_3=3\cdot2\cdot1=6$（通り）

1，2の並べ方は

$_4P_2=4\cdot3=12$（通り）

よって，$_3P_3\times_4P_2=6\times12=\mathbf{72}$（通り）

上の4つの∧から2つ選んで1，2を並べる。

Challenge

奇数は一の位が1，3，5，7のいずれかであるから4通り。

残りは，6個の数字から4個を選んで並べればよいから

$_6P_4=6\cdot5\cdot4\cdot3=360$（通り）

よって，$4\times_6P_4=4\times360=\mathbf{1440}$（通り）

千の位と一の位に偶数を並べるのは

1，3，5，7の4通り

$_3P_2=3\cdot2=6$（通り）

残りは，5個の数字から3個を選んで並べればよいから

$_5P_3=5\cdot4\cdot3=60$（通り）

よって，$_3P_2\times_5P_3=6\times60=$**360**（通り）

56 (1)　7人の円順列だから，1人を固定して

残り6人を並べればよい。

よって，$_6P_6=6\cdot5\cdot4\cdot3\cdot2\cdot1=$**720**（通り）

(2)　両親を1つにまとめて固定すると，残

りの5人の並べ方は

$_5P_5=5\cdot4\cdot3\cdot2\cdot1=120$（通り）

両親の並べ替えが2通り

よって，$_5P_5\times2=120\times2=$**240**（通り）

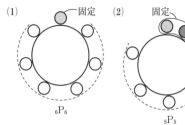

Challenge

6名全員の円卓の座り方は，1名を固定して残り5名を並べれ

ばよいから

$_5P_5=5\cdot4\cdot3\cdot2\cdot1=120$（通り）

教師2名が隣り合う座り方は，教師2名を1つにまとめて固定す

ると，残りの4名の並べ方は

$_4P_4=4\cdot3\cdot2\cdot1=24$（通り）

教師の並べ替えが2通り

よって，$_4P_4\times2=24\times2=48$（通り）

ゆえに，教師が隣り合わない座り方は

$120-48=$**72**（通り）

教師を向かい合わせに固定して，生徒4名を並べればよい。

よって，$_4P_4=4\cdot3\cdot2\cdot1=$**24**（通り）

◀（隣り合わない）

＝（全体）－（隣り合う）

別解

始めに，生徒4名を座らせて，その間に教師2名を座らせると考

える。

生徒4名の座り方は

$_3P_3=3\cdot2\cdot1=6$（通り）

4つの◯に教師2名を座らせるのは

$_4P_2=4\cdot3=12$（通り）

よって，$_3P_3\times_4P_2=6\times12=$**72**（通り）

参考

ここで，教師の入れ替えは必要ないのかという疑問がわいてく

るが，次の理由から入れ替える必要はない。

例えば，教師をA，Bと生徒をC，D，E，Fとすると

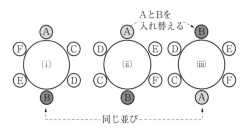

（i）と(ii)は異なる並べ方であるが，(ii)の A と B を入れ替えた(iii)は
（i）と同じ並べ方である。したがって，向かい合う A と B の入れ
替えまで数えるとダブって数えてしまうことになる。

57 (1) どの場所も A がくるか B がくるかの 2 通りだから
$2^8 = 256$（個）

(2) 1 人のじゃんけんの手の出し方は，3 通りだから
$3^4 = 81$（通り）

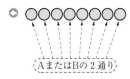
A または B の 2 通り

Challenge

1200 より大きい奇数は，次の(i)，(ii)の場合。

(i) 2, 3, 4 の 3 通り
0, 1, 2, 3, 4 の 5 通り
1 ○ ○ ○ < 1, 3 の 2 通り
よって，$3 \times 5 \times 2 = 30$ （個）

(ii) 2, 3, 4 の 3 通り
0, 1, 2, 3, 4 の 5 通り
○ ○ ○ ○ < 1, 3 の 2 通り
よって，$3 \times 5 \times 5 \times 2 = 150$ （個）

ゆえに，(i)，(ii)より
$30 + 150 = 180$ （個）

各位にくる数が何通りあるか調べる。

58 s，s，s，c，c，e，u の 7 文字を並べる順列は
$\dfrac{7!}{3!2!} = \dfrac{7 \cdot 6 \cdot 5 \cdot 4}{2} = 420$（通り）

このうち，cc と隣り合うのは
$\dfrac{6!}{3!} = 6 \cdot 5 \cdot 4 = 120$（通り）

よって，隣り合わない並べ方は
$420 - 120 = 300$（通り）

cc を 1 つにまとめて
s, s, s, (cc), e, u の 6 文字と考える。

c，c の 2 つを除いた 5 文字の並べ方は

$$\frac{5!}{3!}=20 \ (通り)$$

c，c が隣り合わないように並べるのは

$$_6C_2=\frac{6\cdot5}{2\cdot1}=15 \ (通り)$$

よって，$\dfrac{5!}{3!}\times{}_6C_2=20\times15=\mathbf{300} \ (通り)$

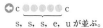

また，c が両端にくるのは

$$\frac{5!}{3!}=5\cdot4=\mathbf{20} \ (通り)$$

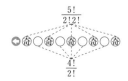

Challenge

1，1，3，3，5 の 5 個の奇数を奇数番目に並べるのは

$$\frac{5!}{2!2!}=\frac{5\cdot4\cdot3}{2\cdot1}=30 \ (通り)$$

残りの 2，2，4，6 を並べるのは

$$\frac{4!}{2!}=4\cdot3=12 \ (通り)$$

よって，$\dfrac{5!}{2!2!}\times\dfrac{4!}{2!}=30\times12=\mathbf{360} \ (個)$

59 (1) ケーキを 5 個から 2 個，アイスクリームを 3 個から
1 個を選べばよいから

$$_5C_2\times{}_3C_1=\frac{5\cdot4}{2\cdot1}\times3=\mathbf{30} \ (通り)$$

(2) 特定のケーキ 2 個を始めから除いて（選んでおいて）
残りの 6 個から 2 個選べばよいから

$$_6C_2=\frac{6\cdot5}{2\cdot1}=\mathbf{15} \ (通り)$$

(3) 全体の 8 個から 3 個を選ぶ選び方は

$$_8C_3=\frac{8\cdot7\cdot6}{3\cdot2\cdot1}=56 \ (通り)$$

アイスクリームが 1 個も選ばれない，すなわちケーキだけ 3 個
選ばれる選び方は

$$_5C_3=\frac{5\cdot4\cdot3}{3\cdot2\cdot1}=10 \ (通り)$$

よって，少なくとも 1 個のアイスクリームが含まれる選び方は

$$56-10=\mathbf{46} \ (通り)$$

Challenge

3 個の数の和が偶数になるのは，次の(ア)，(イ)の場合である。

(ア) 3 個とも偶数のとき

◉(偶)＋(偶)＋(偶)＝(偶数)

10 個の偶数から 3 個選べばよいから

$$_{10}C_3=\frac{10\cdot9\cdot8}{3\cdot2\cdot1}=120 \ (\text{通り})$$

(イ) 偶数が 1 個で，奇数が 2 個のとき

⟳ (偶)＋(奇)＋(奇)＝(偶数)

10 個の偶数から 1 個，10 個の奇数から 2 個選べばよいから

⟳ 1 から 20 までの整数では偶数，奇数とも 10 個ある。

$$_{10}C_1\times_{10}C_2=10\times\frac{10\cdot9}{2\cdot1}=450 \ (\text{通り})$$

(ア)，(イ)の和だから 120＋450＝**570**（通り）

60 3 人ずつ 3 組に分けても，A，B，C の組の区別がつくから

⟳ 9 人から，3 人，3 人，と順次選んでくればよい。

$$_9C_3\times_6C_3\times_3C_3$$
$$=\frac{9\cdot8\cdot7}{3\cdot2\cdot1}\times\frac{6\cdot5\cdot4}{3\cdot2\cdot1}=84\times20$$
$$=\textbf{1680} \ (\text{通り})$$

3 人ずつ 3 組に分けるのは，組の区別がつかないから

よって，$_9C_3\times_6C_3\times1\div3!=\dfrac{9\cdot8\cdot7}{3\cdot2\cdot1}\times\dfrac{6\cdot5\cdot4}{3\cdot2\cdot1}\times\dfrac{1}{3\cdot2\cdot1}$

⟳ 3 つの組の区別がつかないから，3! で割る。

$$=84\times20\times\frac{1}{6}=\textbf{280} \ (\text{通り})$$

Challenge

A，B が入る組は，残りの 1 人を選べばよく，A，B が入らない 2 組は区別がつかない。

よって，$_7C_1\times_6C_3\times1\div2!=7\times\dfrac{6\cdot5\cdot4}{3\cdot2\cdot1}\times\dfrac{1}{2}=\textbf{70} \ (\text{通り})$

⟳ A，B を除いた 7 人から選んでいく。

61 A から B までの最短経路は

$$\frac{9!}{5!\,4!}=\frac{9\cdot8\cdot7\cdot6}{4\cdot3\cdot2\cdot1}=\textbf{126} \ (\text{通り})$$

⟳ 右に 5 区画，上に 4 区画行けばよい。

PQ を通る最短経路は

A から P までが $\dfrac{5!}{3!\,2!}=\dfrac{5\cdot4}{2\cdot1}=10 \ (\text{通り})$

Q から B までが $\dfrac{3!}{1!\,2!}=3 \ (\text{通り})$

よって，10×3＝30（通り）

ゆえに，PQ を通らない最短経路は

126－30＝**96**（通り）

⟳ （A～B の道順）
－（A～PQ～B の道順）

Challenge

20 の頂点から 3 つの頂点を選ぶから

$$_{20}C_3 = \frac{20 \cdot 19 \cdot 18}{3 \cdot 2 \cdot 1} = \textbf{1140}（個）$$

正二十角形と 1 辺を共有する三角形は，1 辺に対して 16 個の頂点が対応するから 16 個できる。

$$20 \times 16 = 320（個）$$

正二十角形と 2 辺を共有するものは，頂点の数だけあるから 20 個できる。

よって，辺を共有しないものは

$$1140 - (320 + 20) = \textbf{800}（個）$$

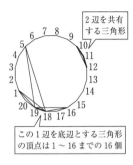

2 辺を共有する三角形

この 1 辺を底辺とする三角形の頂点は 1 ～ 16 までの 16 個

62 全事象は $6 \times 6 = 36$（通り）

◯ まず，全事象の数を押さえる。

$X + Y = 8$ となるのは

$(X, Y) = (2, 6), (3, 5), (4, 4), (5, 3), (6, 2)$

の 5 通り。

◯ 実際にさいころの目の組合せをかき出す。

よって，求める確率は $\dfrac{5}{36}$

$2X - Y = 4$ となるのは

$(X, Y) = (3, 2), (4, 4), (5, 6)$

の 3 通り。

よって，求める確率は $\dfrac{3}{36} = \dfrac{1}{12}$

Challenge

2 個のさいころの出た目をそれぞれ a, b とする。

目の出方は

$$6 \times 6 = 36（通り）$$

和が素数になるのは

◯ 素数は 1 とその数以外に約数をもたない数で，1 は入らない。

$a + b = 2$ のとき $(1, 1)$ の 1 通り。

$a + b = 3$ のとき $(1, 2), (2, 1)$ の 2 通り。

$a + b = 5$ のとき

$(1, 4), (2, 3), (3, 2), (4, 1)$ の 4 通り。

$a + b = 7$ のとき

$(1, 6), (2, 5), (3, 4), (4, 3), (5, 2), (6, 1)$ の 6 通り。

$a + b = 11$ のとき $(5, 6), (6, 5)$ の 2 通り。

以上より素数になるのは

$$1 + 2 + 4 + 6 + 2 = 15（通り）$$

よって，求める確率は $\dfrac{15}{36} = \dfrac{5}{12}$

63 15人から3人を選ぶのは $\quad {}_{15}C_3 = \dfrac{15\cdot 14\cdot 13}{3\cdot 2\cdot 1} = 455$（通り）

男子だけが選ばれるのは $\quad {}_7C_3 = \dfrac{7\cdot 6\cdot 5}{3\cdot 2\cdot 1} = 35$（通り）

女子だけが選ばれるのは $\quad {}_8C_3 = \dfrac{8\cdot 7\cdot 6}{3\cdot 2\cdot 1} = 56$（通り）

これらは排反だから，求める確率は

$$\frac{{}_7C_3}{{}_{15}C_3} + \frac{{}_8C_3}{{}_{15}C_3} = \frac{35}{455} + \frac{56}{455} = \frac{91}{455} = \frac{1}{5}$$

別解

15人から3人を選ぶのは

$$\quad {}_{15}C_3 = \frac{15\cdot 14\cdot 13}{3\cdot 2\cdot 1} = 455 \text{（通り）}$$

男子だけ，または女子だけが選ばれるのは

$$\quad {}_7C_3 + {}_8C_3 = 35 + 56 = 91 \text{（通り）}$$

よって，求める確率は

$$\frac{{}_7C_3 + {}_8C_3}{{}_{15}C_3} = \frac{91}{455} = \frac{1}{5}$$

Challenge

11枚から3枚取り出すのは

$$\quad {}_{11}C_3 = \frac{11\cdot 10\cdot 9}{3\cdot 2\cdot 1} = 165 \text{（通り）}$$

奇数は 1，3，5，7，9，11 の6枚

偶数は 2，4，6，8，10 の5枚 だからすべて奇数であるのは

$$\quad {}_6C_3 = \frac{6\cdot 5\cdot 4}{3\cdot 2\cdot 1} = 20 \text{（通り）}$$

すべて奇数である確率は

$$\frac{{}_6C_3}{{}_{11}C_3} = \frac{20}{165} = \frac{4}{33}$$

すべて偶数であるのは

$$\quad {}_5C_3 = \frac{5\cdot 4}{2\cdot 1} = 10 \text{（通り）}$$

すべて偶数である確率は

$$\frac{{}_5C_3}{{}_{11}C_3} = \frac{10}{165} = \frac{2}{33}$$

これらは排反だから，求める確率は

$$\frac{{}_6C_3}{{}_{11}C_3} + \frac{{}_5C_3}{{}_{11}C_3} = \frac{4}{33} + \frac{2}{33} = \frac{6}{33} = \frac{2}{11}$$

◯ 確率の加法定理。

別解

11枚から3枚取り出すのは

$$\quad {}_{11}C_3 = 165 \text{（通り）}$$

奇数，または偶数を取り出すのは

$$\quad {}_6C_3 + {}_5C_3 = 20 + 10 = 30 \text{（通り）}$$

よって，求める確率は

◯ 3枚とも偶数の場合と奇数の場合の和を求めている。

$$\frac{{}_6C_3 + {}_5C_3}{{}_{11}C_3} = \frac{30}{165} = \frac{2}{11}$$

64　4 の倍数である事象を A

6 の倍数である事象を B とすると

(1)　4 の倍数は

　　$300 \div 4 = 75$　より　$n(A) = 75$　　　　　　　　　　◑ 割り算して商が倍数の数になる。

　　よって，$P(A) = \dfrac{75}{300} = \dfrac{1}{4}$

(2)　6 の倍数は

　　$300 \div 6 = 50$　より　$n(B) = 50$

　　よって，$P(B) = \dfrac{50}{300} = \dfrac{1}{6}$

(3)　4 かつ 6 の倍数は 12 の倍数だから　　　　　　　　◑ 4 かつ 6 の倍数は $A \cap B$

　　$300 \div 12 = 25$　より　$n(A \cap B) = 25$　　　　　　　　4 または 6 の倍数は $A \cup B$

　　よって，$P(A \cap B) = \dfrac{25}{300} = \dfrac{1}{12}$

　　ゆえに，$P(A \cup B) = P(A) + P(B) - P(A \cap B)$

　　　　　　　　　　　$= \dfrac{1}{4} + \dfrac{1}{6} - \dfrac{1}{12} = \dfrac{1}{3}$

別 解

　　4 または 6 の倍数の個数を求めて次のように求めるのが実践的

である。

　　$n(A \cup B) = n(A) + n(B) - n(A \cap B)$

　　　　　　　$= 75 + 50 - 25 = 100$

よって，求める確率は　$\dfrac{100}{300} = \dfrac{1}{3}$

Challenge

(1)　出た目の和が 3 の倍数になるのは 3 のとき，次の 2 通り。　　◑ 3 の倍数は，3，6，9，12。

　　(1, 2), (2, 1)

　　6 のとき，次の 5 通り。

　　(1, 5), (2, 4), (3, 3), (4, 2), (5, 1)

　　9 のとき，次の 4 通り。

　　(3, 6), (4, 5), (5, 4), (6, 3)

　　12 のとき，(6, 6) の 1 通り。

　　全部で，$2 + 5 + 4 + 1 = 12$

　　よって，$\dfrac{12}{36} = \dfrac{1}{3}$

(2) 出た目の積が3の倍数になるのは一方のサイコロが3か6が
出たとき，他方のサイコロはいくつでもよいから
$2 \times 2 \times 6 = 24$ （通り）
このとき
$(3, 3), (3, 6), (6, 3), (6, 6)$
は2回数えているから
$24 - 4 = 20$ （通り）

よって，求める確率は $\dfrac{20}{36} = \dfrac{5}{9}$

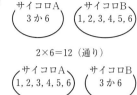

$2 \times 6 = 12$ （通り）

$2 \times 6 = 12$ （通り）

(3) 出た目の和も積も3の倍数になるのは
$(3, 3), (3, 6), (6, 3), (6, 6)$ の4通り。

だから，その確率は $\dfrac{4}{36} = \dfrac{1}{9}$

(1)より和が3の倍数である確率は $\dfrac{1}{3}$

(2)より積が3の倍数である確率は $\dfrac{5}{9}$

よって，求める確率は

$\dfrac{1}{3} + \dfrac{5}{9} - \dfrac{1}{9} = \dfrac{7}{9}$

◑ $P(A \cup B) = P(A) + P(B)$
$\qquad\qquad - P(A \cap B)$

65 (1) 9枚のカードから5枚のカードを取り出す順列は
${}_9P_5$ （通り）
1と9が両端にくる並べ方は ${}_2P_2 \times {}_7P_3$ （通り）
よって，求める確率は

$\dfrac{{}_2P_2 \times {}_7P_3}{{}_9P_5} = \dfrac{2 \cdot 7 \cdot 6 \cdot 5}{9 \cdot 8 \cdot 7 \cdot 6 \cdot 5} = \dfrac{1}{36}$

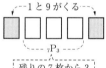

残りの7枚から3
枚取り出す順列

(2) 両端に奇数のカードがくる順列は ${}_5P_2 \times {}_7P_3$ （通り）
よって，求める確率は

$\dfrac{{}_5P_2 \times {}_7P_3}{{}_9P_5} = \dfrac{5 \cdot 4 \cdot 7 \cdot 6 \cdot 5}{9 \cdot 8 \cdot 7 \cdot 6 \cdot 5} = \dfrac{5}{18}$

◑ 1, 3, 5, 7, 9 の中から
2枚取り出す順列

残りの7枚から3
枚取り出す順列

(3) 1と9以外の7枚から3枚を選ぶ選び方は
${}_7C_3 = 35$ （通り）
1と9が隣り合う並べ方は
選んだ3枚と1と9を1つにみて4枚として並べるから
${}_2P_2 \times {}_4P_4$ （通り）
よって，9枚から5枚取り出して，1と9が隣り合う並べ方は
$35 \times {}_2P_2 \times {}_4P_4$ （通り）

7枚から
3枚選ぶ

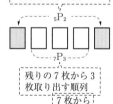

よって，求める確率は $\dfrac{35 \times {}_2P_2 \times {}_4P_4}{{}_9P_5} = \dfrac{35 \cdot 2 \cdot 4 \cdot 3 \cdot 2 \cdot 1}{9 \cdot 8 \cdot 7 \cdot 6 \cdot 5} = \dfrac{1}{9}$

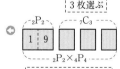

1と9を1つにみて
4枚を並べる

(4)　5 のカードが中央にくるのは 5 を除いた 8 枚のカードから 4
　　枚を取り出す順列だから
　　　$_8P_4$（通り）
　　よって，求める確率は　$\dfrac{_8P_4}{_9P_5}=\dfrac{8\cdot7\cdot6\cdot5}{9\cdot8\cdot7\cdot6\cdot5}=\dfrac{1}{9}$

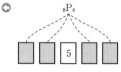

Challenge

赤い玉 4 個と青い玉 3 個をすべて異なるものとして考えると，
7 個の玉の並べ方は
　$_7P_7=7!$（通り）
中央にくる赤い玉の選び方は　$_4C_1$（通り）
残りの 6 個の並べ方は　$_6P_6=6!$ 通り
よって，求める確率は
　$\dfrac{_4C_1\times_6P_6}{_7P_7}=\dfrac{4\times6!}{7!}=\dfrac{4}{7}$

両端が赤い玉であるのは $_4P_2$（通り）
残りの 5 個の並べ方は $_5P_5=5!$（通り）
よって，求める確率は
　$\dfrac{_4P_2\times_5P_5}{_7P_7}=\dfrac{\overset{2}{\cancel{4}}\cdot3\cdot\cancel{5}\cdot\cancel{4}\cdot\cancel{3}\cdot\cancel{2}\cdot1}{7\cdot\cancel{6}\cdot\cancel{5}\cdot\cancel{4}\cdot\cancel{3}\cdot\cancel{2}\cdot1}=\dfrac{2}{7}$

赤い玉と青い玉が交互に並ぶのは
　$_4P_4\times_3P_3=4!\times3!$（通り）
よって，求める確率は
　$\dfrac{_4P_4\times_3P_3}{_7P_7}=\dfrac{\cancel{4}\cdot\cancel{3}\cdot\cancel{2}\cdot1\cdot\cancel{3}\cdot\cancel{2}\cdot1}{7\cdot\cancel{6}\cdot\cancel{5}\cdot\cancel{4}\cdot\cancel{3}\cdot\cancel{2}\cdot1}=\dfrac{1}{35}$

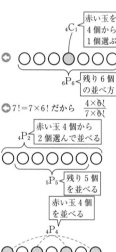

66 合わせて 9 個の玉から 3 個取り出すのは
　$_9C_3=\dfrac{9\cdot8\cdot7}{3\cdot2\cdot1}=84$（通り）

全事象，すなわち全体で何通り
あるか求める。

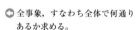

(1)　3 個の色がすべて異なるのは，赤，青，白をそれぞれ 1 個取
　　り出すときだから
　　　$_2C_1\times_3C_1\times_4C_1=24$（通り）
　　よって，$\dfrac{_2C_1\times_3C_1\times_4C_1}{_9C_3}=\dfrac{24}{84}=\dfrac{2}{7}$

(2)　3 個とも同じ色なのは，青が 3 個，または白が 3 個のときだ
　　から
　　　$_3C_3+_4C_3=1+4=5$（通り）
　　よって，$\dfrac{_3C_3+_4C_3}{_9C_3}=\dfrac{5}{84}$

(3)　2 個が同じ色なのは，次の(i), (ii), (iii)の場合である。
　(i)　赤が 2 個と他の色が 1 個のとき　$_2C_2\times_7C_1=7$（通り）
　(ii)　青が 2 個と他の色が 1 個のとき　$_3C_2\times_6C_1=18$（通り）
　(iii)　白が 2 個と他の色が 1 個のとき　$_4C_2\times_5C_1=30$（通り）

よって，$\dfrac{{}_2C_2\times{}_7C_1+{}_3C_2\times{}_6C_1+{}_4C_2\times{}_5C_1}{{}_9C_3}=\dfrac{7+18+30}{84}$

$$=\dfrac{55}{84}$$

Challenge

12枚から3枚取り出すのは

$${}_{12}C_3=\dfrac{12\cdot11\cdot10}{3\cdot2\cdot1}=220 \ (通り)$$

3枚の番号がすべて異なるのは1から4の中から3個選べばよいから

$${}_4C_3=4 \ (通り)$$

それぞれの番号について3色あるから

$$3\times3\times3=3^3=27 \ (通り)$$

よって，$\dfrac{{}_4C_3\times3^3}{{}_{12}C_3}=\dfrac{4\times27}{220}=\dfrac{27}{55}$

67 (1) 合わせて12個の玉から5個取り出すのは

$${}_{12}C_5=\dfrac{12\cdot11\cdot10\cdot9\cdot8}{5\cdot4\cdot3\cdot2\cdot1}=792 \ (通り)$$

取り出す5個に赤玉が1個も含まれないのは

$${}_9C_5=\dfrac{9\cdot8\cdot7\cdot6\cdot5}{5\cdot4\cdot3\cdot2\cdot1}=126 \ (通り)$$

よって，赤玉が少なくとも1個含まれている確率は

$$1-\dfrac{{}_9C_5}{{}_{12}C_5}=1-\dfrac{126}{792}$$

$$=1-\dfrac{7}{44}=\dfrac{37}{44}$$

次のように約分して計算してもよい。
$$\dfrac{{}_9C_5}{{}_{12}C_5}=\dfrac{9\cdot8\cdot7\cdot6\cdot5}{5\cdot4\cdot3\cdot2\cdot1}\times\dfrac{5\cdot4\cdot3\cdot2\cdot1}{12\cdot11\cdot10\cdot9\cdot8}$$
$$=\dfrac{7}{44}$$

(2) 最大の数が8以上になるためには，3枚のうち少なくとも1枚が8以上ならばよい。

これは，3枚とも7以下であるという事象の余事象である。

10枚から3枚引くのは

$${}_{10}C_3=\dfrac{10\cdot9\cdot8}{3\cdot2\cdot1}=120 \ (通り)$$

3枚とも7以下を引くのは

$${}_7C_3=\dfrac{7\cdot6\cdot5}{3\cdot2\cdot1}=35 \ (通り)$$

よって，$1-\dfrac{{}_7C_3}{{}_{10}C_3}=1-\dfrac{35}{120}$

$$=1-\dfrac{7}{24}=\dfrac{17}{24}$$

次のように約分して計算してもよい。
$$\dfrac{{}_7C_3}{{}_{10}C_3}=\dfrac{7\cdot6\cdot5}{3\cdot2\cdot1}\times\dfrac{3\cdot2\cdot1}{10\cdot9\cdot8}=\dfrac{7}{24}$$

56

合わせて 13 人を円卓に座らせるのは，1 人を固定して 12 人を並べればよいから

$_{12}P_{12}=12!$（通り）

少なくとも 2 人の女子が連続して並ぶ事象は，3 人の女子が，どの 2 人も隣り合わない事象の余事象である。

10 人の男子を始めに座らせるのは，1 人を固定して 9 人を並べればよいから

$_9P_9=9!$（通り）

どの 2 人も隣り合わないのは，男子の間に 3 人の女子を並べればよいから

$_{10}P_3$（通り）

よって，$1-\dfrac{9!\times_{10}P_3}{12!}=1-\dfrac{10\cdot9\cdot8}{12\cdot11\cdot10}$

$=1-\dfrac{6}{11}=\dfrac{5}{11}$

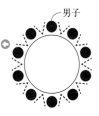

男子

10 ヶ所の・・に 3 人の女子を並べる。

◀ $12!=12\cdot11\cdot10\cdot9\cdot8\cdots2\cdot1$
$=12\cdot11\cdot10\cdot9!$

68 (1) A が赤球を取り出す確率は $\dfrac{3}{7}$

次に，B が赤球を取り出す確率は $\dfrac{2}{6}$

よって，求める確率は

$\dfrac{3}{7}\times\dfrac{2}{6}=\dfrac{1}{7}$

(2) B が白球を取り出すのは次の(i)，(ii)の場合である。

(i) A が赤球を取り出し，B が白球を取り出す。

$\dfrac{3}{7}\times\dfrac{4}{6}=\dfrac{12}{42}=\dfrac{2}{7}$

(ii) A が白球を取り出し，B が白球を取り出す。

$\dfrac{4}{7}\times\dfrac{3}{6}=\dfrac{12}{42}=\dfrac{2}{7}$

(i)，(ii)は互いに排反であるから，求める確率は

$\dfrac{2}{7}+\dfrac{2}{7}=\dfrac{4}{7}$

(i) A が赤球 $\dfrac{3}{7}$　　B が白球 $\dfrac{4}{6}$

 ×

(ii) A が白球 $\dfrac{4}{7}$　　B が白球 $\dfrac{3}{6}$

 ×

Challenge

当たりを○，はずれを×で表すと，
C君が当たる場合は右の3通りある。
よって，求める確率は

	A	B	C
(i)	○	×	○
(ii)	×	○	○
(iii)	×	×	○

$$\frac{2}{10}\times\frac{8}{9}\times\frac{1}{8}+\frac{8}{10}\times\frac{2}{9}\times\frac{1}{8}+\frac{8}{10}\times\frac{7}{9}\times\frac{2}{8}$$

$$=\frac{18}{90}=\frac{1}{5}$$

3人ともはずれる確率は

A　B　C
×　×　×　　だから，この確率は

$$=\frac{8}{10}\times\frac{7}{9}\times\frac{6}{8}=\frac{7}{15}$$

少なくとも1人当たるのは，3人ともはずれる事象の余事象だから，求める確率は

$$1-\frac{7}{15}=\frac{8}{15}$$

◎ 少なくとも……の確率は余事象の確率を考える。

69 (1) 4個のさいころを投げるとき，目の出方は 6^4（通り）
4個とも異なる目の出方は $_6P_4$（通り）
よって，求める確率は

$$1-\frac{_6P_4}{6^4}=1-\frac{\overset{1}{\cancel{6}}\cdot5\cdot\overset{1}{\cancel{4}}\cdot\overset{1}{\cancel{3}}}{\underset{3}{\cancel{6}}\cdot\cancel{6}\cdot\cancel{6}\cdot\cancel{6}}$$

$$=1-\frac{5}{18}=\frac{13}{18}$$

◎ 少なくとも2個同じ目が出る事象は，すべて異なる目が出る事象の余事象。

別解
4個とも異なる目の確率は，次のように求めてもよい。

$$\frac{6}{6}\times\frac{5}{6}\times\frac{4}{6}\times\frac{3}{6}=\frac{5}{18}$$

(2) 3個とも4以下の目が出る事象の余事象だから

$$1-\left(\frac{4}{6}\right)^3=1-\frac{8}{27}=\frac{19}{27}$$

最大値が5である確率は

$$\left(\frac{5}{6}\right)^3-\left(\frac{4}{6}\right)^3=\frac{125}{216}-\frac{64}{216}=\frac{61}{216}$$

◎ 少なくとも1個は5の目が出る事象

1から5の目が出る事象
1から4の目が出る事象

Challenge

出た目の積が3の倍数になるのは，少なくとも1回3または6の目が出ればよい。
これは，3または6が1回も出ない事象の余事象だから

$$1-\left(\frac{4}{6}\right)^4=1-\frac{16}{81}=\frac{65}{81}$$

◎ 1回の試行で3と6の目が出ないのは1，2，4，5の目が出るときだから $\frac{4}{6}$

70 (1) 偶数の目が出る確率は $\dfrac{1}{2}$

その他の目が出る確率は $\dfrac{1}{2}$

5回中2回偶数の目が出るから，求める確率は

$$_5C_2\left(\dfrac{1}{2}\right)^2\left(\dfrac{1}{2}\right)^3=10\times\left(\dfrac{1}{2}\right)^5=\dfrac{5}{16}$$

(2) 表が出る確率は $\dfrac{4}{5}$，裏が出る確率は $\dfrac{1}{5}$

3回投げて1回表が出るから，求める確率は

$$_3C_1\left(\dfrac{4}{5}\right)^1\left(\dfrac{1}{5}\right)^2=3\times\dfrac{4}{5^3}=\dfrac{12}{125}$$

◆反復試行の確率
$$_nC_r p^r(1-p)^{n-r}$$
に代入して求める。

(1) $n=5,\ r=2,\ p=\dfrac{1}{6}$,

$$1-p=\dfrac{5}{6}$$

(2) $n=3,\ r=1,\ p=\dfrac{4}{5}$,

$$1-p=\dfrac{1}{5}$$

Challenge

箱の中から玉を1個取り出すとき

赤玉の出る確率は $\dfrac{2}{8}=\dfrac{1}{4}$

白玉の出る確率は $\dfrac{6}{8}=\dfrac{3}{4}$

5回目に2度目の赤玉を取り出すのは，4回終わったとき，1回赤玉が出ていて，5回目に2度目の赤玉を取り出す場合である。よって，求める確率は

$$_4C_1\left(\dfrac{1}{4}\right)^1\left(\dfrac{3}{4}\right)^3\cdot\dfrac{1}{4}=\dfrac{3^3}{4^4}=\dfrac{27}{256}$$

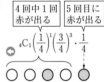

71 (1) $n(A)$ は1回目が白球で，2回目は何色でもよいから

$$n(A)=7\times 9=63$$

$n(A\cap B)$ は1回目が白球で2回目は赤球だから

$$n(A\cap B)=7\times 3=21$$

よって，$P_A(B)=\dfrac{n(A\cap B)}{n(A)}=\dfrac{21}{63}=\dfrac{1}{3}$

別解

1回目に白球が出た後の袋の中は，白球6個，赤球3個だから

よって，$P_A(B)=\dfrac{3}{9}=\dfrac{1}{3}$

(2) $n(\overline{A})$ は1回目が赤球で，2回目は何色でもよいから

$$n(\overline{A})=3\times 9=27$$

$n(\overline{A}\cap B)$ は1回目が赤球で，2回目も赤球だから

$$n(\overline{A}\cap B)=3\times 2=6$$

よって，$P_{\overline{A}}(B)=\dfrac{n(\overline{A}\cap B)}{n(\overline{A})}=\dfrac{6}{27}=\dfrac{2}{9}$

別解

$\overline{A}$ は1回目に赤球が出ることだから，赤球が出た後の袋の中は，
白球7個，赤球2個

よって，$P_{\overline{A}}(B)=\dfrac{2}{9}$

(3)　$P(A\cap B)=P(A)\cdot P_A(B)$ より

$$=\dfrac{7}{10}\times\dfrac{1}{3}=\dfrac{7}{30}$$

別解

$P(A\cap B)$ は事象 A と事象 B が続けて起こることだから，その
回ごとの確率を掛けて

1回目	2回目
白球	赤球

◎ 続けて起こる確率（68参照）と
考えてよい。

$$P(A\cap B)=\dfrac{7}{10}\times\dfrac{3}{9}=\dfrac{7}{30}$$

Challenge

$x<y$　となる事象を A
$y=5$　となる事象を B　とする。

目の出方は $6\times6=36$ 通り
このうち，$x=y$ となるのは6通りで
$x<y$ と $x>y$ は対称性より同数であるから
$x<y$ となるのは
$(36-6)\div2=15$　よって，$n(A)=15$
このうち $y=5$ となるのは
$(1,\ 5),\ (2,\ 5),\ (3,\ 5),\ (4,\ 5)$
の4通り。よって，$n(A\cap B)=4$

よって，$P_A(B)=\dfrac{n(A\cap B)}{n(A)}=\dfrac{4}{15}$

◎ $(1,\ 1),\ (2,\ 2),\ (3,\ 3),$
$(4,\ 4),\ (5,\ 5),\ (6,\ 6)$
↓

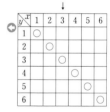

72 1回目が白球である事象を X
2回目が白球である事象を Y　とする。

(1)　$P(X)\cdot P_X(Y)=\dfrac{2}{3}\times\dfrac{1}{2}=\dfrac{1}{3}$

◎ 1回目白球，2回目白球

$\quad P(\overline{X})\cdot P_{\overline{X}}(Y)=\dfrac{1}{3}\times\dfrac{2}{3}=\dfrac{2}{9}$

◎ 1回目黒球，2回目白球

よって，2回目に白球を取り出す確率は

$$P(Y)=\dfrac{1}{3}+\dfrac{2}{9}=\dfrac{5}{9}$$

(2)　1回目が白球である確率は

$$P_Y(X)=\dfrac{P(Y\cap X)}{P(Y)}=\dfrac{\dfrac{1}{3}}{\dfrac{5}{9}}=\dfrac{3}{5}$$

◎ $P_Y(X)$
$=\dfrac{P(X)\cdot P_X(Y)}{P(X)\cdot P_X(Y)+P(\overline{X})\cdot P_{\overline{X}}(Y)}$

Challenge

試行を3回行ったとき，白球が1個残るのは，3回のうち1回
白球が取り出されるときであるから，次の3通りである。

	1回目	2回目	3回目
(i)	白球	黒球	黒球
(ii)	黒球	白球	黒球
(iii)	黒球	黒球	白球

(i), (ii), (iii)の確率をそれぞれ P_1, P_2, P_3 とすると

$$P_1 = \frac{2}{3} \times \frac{1}{2} \times \frac{1}{2} = \frac{1}{6}$$

$$P_2 = \frac{1}{3} \times \frac{2}{3} \times \frac{1}{2} = \frac{1}{9}$$

$$P_3 = \frac{1}{3} \times \frac{1}{3} \times \frac{2}{3} = \frac{2}{27}$$

(i), (ii), (iii)は互いに排反であるから

$$P_1 + P_2 + P_3 = \frac{1}{6} + \frac{1}{9} + \frac{2}{27} = \frac{19}{54}$$

よって，1回目は白球であった確率は

$$\frac{\frac{1}{6}}{\frac{19}{54}} = \frac{9}{19}$$

◆ 求める確率は $\dfrac{P_1}{P_1 + P_2 + P_3}$

73 さいころの目の出る確率と点数の関係は，次のようになる。

X	100	70	50	計
P	$\frac{1}{6}$	$\frac{2}{6}$	$\frac{3}{6}$	1

よって，期待値を E とすると

$$E = 100 \times \frac{1}{6} + 70 \times \frac{2}{6} + 50 \times \frac{3}{6} = 65 \ (点)$$

Challenge

取り出した2枚のカードの和を X とすると
$X = 3$, 4, 5, 6, 7, 8, 9 のいずれかである。

$X = 3$ のとき　(1, 2)
$X = 4$ のとき　(1, 3)
$X = 5$ のとき　(1, 4), (2, 3)
$X = 6$ のとき　(1, 5), (2, 4)
$X = 7$ のとき　(2, 5), (3, 4)
$X = 8$ のとき　(3, 5)
$X = 9$ のとき　(4, 5)

全事象は $_5C_2 = 10$ 通りだから，X と確率 P の対応は次の表のよう
になる。

X	3	4	5	6	7	8	9	計
P	$\dfrac{1}{10}$	$\dfrac{1}{10}$	$\dfrac{2}{10}$	$\dfrac{2}{10}$	$\dfrac{2}{10}$	$\dfrac{1}{10}$	$\dfrac{1}{10}$	1

よって，期待値は

$$E = 3 \times \frac{1}{10} + 4 \times \frac{1}{10} + 5 \times \frac{2}{10} + 6 \times \frac{2}{10}$$

$$+ 7 \times \frac{2}{10} + 8 \times \frac{1}{10} + 9 \times \frac{1}{10}$$

$$= \frac{1}{10}(3 + 4 + 10 + 12 + 14 + 8 + 9) = \frac{60}{10} = \mathbf{6}$$

74 (1)

BD：DC＝AB：AC　より

　　$3 : 2 = 6 : x$

　　$3x = 12$　より　$x = \mathbf{4}$

(2)

中線定理

　　$AB^2 + AC^2 = 2(AM^2 + BM^2)$

にあてはめると

　　$3^2 + 5^2 = 2(x^2 + 3^2)$

　　$34 = 2(x^2 + 9)$

　　$x^2 = 8$　より　$x = \mathbf{2\sqrt{2}}$　$(x > 0)$

Challenge

中線定理

　　$AB^2 + AC^2 = 2(AM^2 + BM^2)$

にあてはめると

　　$3^2 + 7^2 = 2(AM^2 + 4^2)$

　　$9 + 49 = 2AM^2 + 32$

　　$2AM^2 = 26,\ AM^2 = 13$

　　$AM = \sqrt{13}$　（AM＞0）

G が△ABC の重心だから

　　AG：GM＝2：1

よって，$x = \dfrac{2}{3}AM = \mathbf{\dfrac{2\sqrt{13}}{3}}$

AB：AC＝BD：DC の証明

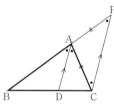

点 C を通り AD に平行な直線を引き，BA の延長との交点を P とする。

　　∠BPC＝∠BAD　（同位角）

　　∠ACP＝∠CAD　（錯角）

ここで，∠BAD＝∠CAD だから

　　∠BPC＝∠ACP

したがって，△ACP は二等辺三角形。

　　∴　AP＝AC　　……①

また，DA∥CP だから

　　BD：DC＝BA：AP　……②

①，②より

　　BD：DC＝AB：AC

別 解

余弦定理を用いて

$$\cos B = \frac{3^2+8^2-7^2}{2\cdot 3\cdot 8} = \frac{24}{48} = \frac{1}{2}$$

$$AM^2 = 3^2+4^2-2\cdot 3\cdot 4\cdot\cos B$$

$$= 9+16-2\cdot 3\cdot 4\cdot\frac{1}{2} = 13$$

よって，$AM=\sqrt{13}$　　　　以下同様。

接弦定理
∠BAT＝∠ACB の証明

75 (1)　∠COD＝$2\times 50°$

　　　　　　＝$100°$

　　　△OCD は二等辺三角形だから

　　　　$x+x+100°=180°$

　　　よって，$x=40°$

　　　△ACD の内角を考えて

　　　　$50°+70°+∠ADC=180°$

　　　　　∠ADC＝$60°$

　　　$y+∠ADC=180°$ より

　　　　$y+60°=180°$　よって，$y=120°$

(2)　四角形 ABCD は円に内接するから

　　　　∠PDA＝∠QDC＝x

　　　　∠DAB＝$32°+x$（△PAD の外角）

　　　　∠DCB＝$42°+x$（△QCD の外角）

　　　　∠DAB＋∠DCB＝$180°$　だから

　　　　$(32°+x)+(42°+x)=180°$

　　　よって，$x=53°$

A を通る直径 AD を引くと，

∠DAT は $90°$ であり，

　　　　∠ACB＝∠ADB　……①

　　　　∠BAT＝$90°-∠BAD$ ……②

また，∠ABD＝$90°$ だから

　　　　∠ADB＝$90°-∠BAD$ ……③

②，③より

　　　　∠BAT＝∠ADB

よって，①より

　　　　∠BAT＝∠ACB

Challenge

　　△CAB は二等辺三角形だから

　　∠CAB＝∠CBA＝$(180°-48°)\times\dfrac{1}{2}=66°$

　　また，∠DAC＝∠ABD＝$90°$ だから

　　　∠OAB＝$90°-66°=24°$

　　　∠CBD＝$66°+90°=156°$

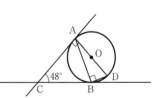

76 (1)　∠A＋∠B＋∠C＝$180°$ より

　　　　$80°+2x+40°=180°$

　　　　$2x=60°$　よって，$x=30°$

　　　　$y=180°-(30°+20°)$

　　　　　＝$130°$

◐ BI, CI はそれぞれ ∠B, ∠C の
2 等分線。

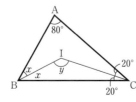

(2)

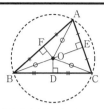

外心が，三角形の各頂点から等距離にあることの証明

O が △ABC の外心だから
 OA＝OB＝OC＝5　（外接円の半径）
よって，**$x=5$**
△OAB，△OBC，△OCA はすべて二等辺三角形なので
 ∠OCA＝25°，∠OCB＝40°，∠OBA＝y
∠A＋∠B＋∠C＝180° だから
 50°＋80°＋2y＝180°
 2y＝50°　よって，**$y=25$**

外心 O から辺 BC，CA，AB に
垂線 OD，OE，OF を引くと
△AOF≡△BOF　より
 OA＝OB
△BOD≡△COD　より
 OB＝OC
よって　OA＝OB＝OC

Challenge

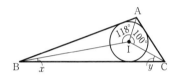

I が △ABC の内心だから
 ∠ABI＝∠CBI＝x　（BI は ∠B の 2 等分線）
 ∠ACI＝∠BCI＝y　（CI は ∠C の 2 等分線）
 ∠BAI＝180°－(118°＋x)＝62°－x
 ∠CAI＝180°－(100°＋y)＝80°－y
 ∠BAI＝∠CAI だから　（AI は ∠A の 2 等分線）
 62°－x＝80°－y
  －x＋y＝18°　……①
また，∠BIC＝360°－(118°＋100°)＝142°
 x＋y＝180°－∠BIC＝180°－142°＝38°
 x＋y＝38°　……②
①，②を解いて，**$x=10$°，$y=28$°**

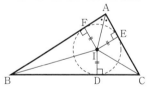

内心が，三角形の各辺から等距離にあることの証明

I から辺 BC，CA，AB に垂線
ID，IE，IF を引くと
△AIF≡△AIE より IF＝IE
△BIF≡△BID より IF＝ID
よって，ID＝IE＝IF

77 (1)　方べきの定理より
 PA・PB＝PC・PD
  x・3＝5・4
よって，$x=\dfrac{20}{3}$

(2) 方べきの定理より

PA・PB＝PC・PD

$\qquad x\cdot(x+9)=8\cdot14$

$\qquad x^2+9x-112=0$

$\qquad (x+16)(x-7)=0$

$x>0$ より　$x=7$

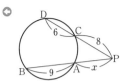

Challenge

(1) 方べきの定理より

BD・BC＝AB^2

$\qquad 4(4+5)=AB^2$

$\qquad AB^2=36$　よって，AB＝6

(2) $\triangle ABC=\dfrac{1}{2}AB\cdot BC\sin30°$

$\qquad =\dfrac{1}{2}\cdot6\cdot9\cdot\dfrac{1}{2}=\dfrac{27}{2}$

78 (1) 右図のような辺の関係になるから

$\qquad (9-x)+(8-x)=7$　より

$\qquad 2x=10$　よって，$x=5$

(2) $\triangle PAB\backsim\triangle PCD$ だから

$\qquad PA:AB=PC:CD$

$\qquad 15:x=(15+x+10):10$

$\qquad 15\times10=x\times(x+25)$

$\qquad x^2+25x-150=0$

$\qquad (x+30)(x-5)=0$

$x>0$ より　$x=5$

AC＝10＋5＝AP　だから，BP＝DB＝y

$\qquad 15^2=y^2+5^2$

$\qquad y^2=225-25=200$

$y>0$ より　$y=10\sqrt{2}$

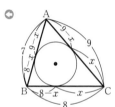

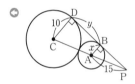

Challenge

$d=12$ のとき外接　$d=2$ のとき内接。

よって，

$$\begin{cases} 0\leqq d<2,\ 12<d \text{ のとき，共有点は 0 個} \\ d=12,\ d=2 \quad \text{のとき，共有点は 1 個} \\ 2<d<12 \qquad \text{のとき，共有点は 2 個} \end{cases}$$

2 円が交わるとき　$(r_1<r_2)$

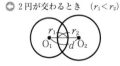

$r_2-r_1<d<r_1+r_2$

79 BD=4+DC だから

$$\frac{2}{4}\cdot\frac{4+\text{DC}}{\text{DC}}\cdot\frac{2}{3}=1$$

$$4(4+\text{DC})=12\text{DC}$$

$$8\text{DC}=16 \quad \text{よって，DC}=\boldsymbol{2}$$

Challenge

△BDF と直線 AC に対してメネラウスの定理を用いると

FE=x, ED=y とすると

$$\frac{\text{BA}}{\text{AF}}\cdot\frac{\text{FE}}{\text{ED}}\cdot\frac{\text{DC}}{\text{CB}}=1 \quad \text{より}$$

$$\frac{6}{2}\cdot\frac{x}{y}\cdot\frac{2}{4}=1$$

$$12x=8y \quad \text{よって，}3x=2y \quad \cdots\cdots①$$

また，FD=$x+y$=5 ……②

①，②より，$x=2$, $y=3$

よって，FE=$\boldsymbol{2}$, ED=$\boldsymbol{3}$

◆ メネラウスの定理の証明。

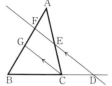

上図のように，C から DF に平行な直線を引き，AB との交点を G とすると

$$\frac{\text{BD}}{\text{DC}}=\frac{\text{BF}}{\text{FG}},\quad\frac{\text{CE}}{\text{EA}}=\frac{\text{GF}}{\text{FA}}$$

$$\frac{\text{BD}}{\text{DC}}\cdot\frac{\text{CE}}{\text{EA}}=\frac{\text{BF}}{\text{GF}}\cdot\frac{\text{GF}}{\text{FA}}$$

よって，$\dfrac{\text{BD}}{\text{DC}}\cdot\dfrac{\text{CE}}{\text{EA}}\cdot\dfrac{\text{AF}}{\text{FB}}=1$

80 チェバの定理より

$$\frac{\text{BD}}{\text{DC}}\cdot\frac{\text{CE}}{\text{EA}}\cdot\frac{\text{AF}}{\text{FB}}=1 \quad \text{が成り立つ。}$$

$$\frac{x}{y}\cdot\frac{4}{4}\cdot\frac{6}{3}=1 \quad \text{より} \quad 2x=y \quad \cdots\cdots①$$

また，条件より $x+y$=12 ……②

①，②を解いて，$\boldsymbol{x=4}$, $\boldsymbol{y=8}$

Challenge

右図のように

BD=5, CE=3

である。

チェバの定理より

$$\frac{\text{BG}}{\text{GC}}\cdot\frac{\text{CE}}{\text{EA}}\cdot\frac{\text{AD}}{\text{DB}}=1$$

$$\frac{\text{BG}}{\text{GC}}\cdot\frac{3}{6}\cdot\frac{4}{5}=1 \quad \text{より} \quad \frac{\text{BG}}{\text{GC}}=\frac{5}{2}$$

BG：GC=5：2 だから

$$\text{CG}=9\times\frac{2}{7}=\boldsymbol{\frac{18}{7}}$$

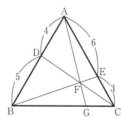

◆ チェバの定理の証明

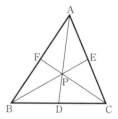

底辺 AP, BP, CP を共有する三角形の面積比を利用すると

$$\frac{\text{BD}}{\text{DC}}=\frac{\triangle\text{PAB}}{\triangle\text{PAC}}$$ AP を底辺としたときの高さの比

$$\frac{\text{CE}}{\text{EA}}=\frac{\triangle\text{PBC}}{\triangle\text{PBA}}$$ BP を底辺としたときの高さの比

$$\frac{\text{AF}}{\text{FB}}=\frac{\triangle\text{PCA}}{\triangle\text{PCB}}$$ CP を底辺としたときの高さの比

この 3 つの式を辺々掛けると

$$\frac{\text{BD}}{\text{DC}}\cdot\frac{\text{CE}}{\text{EA}}\cdot\frac{\text{AF}}{\text{FB}}$$

$$=\frac{\triangle\text{PAB}}{\triangle\text{PAC}}\cdot\frac{\triangle\text{PBC}}{\triangle\text{PBA}}\cdot\frac{\triangle\text{PSA}}{\triangle\text{PCB}}$$

$$=1$$

◆$A<B$ なので $a<b$ である。

81 2 数 A, B は最大公約数が 13 だから

$A=13a$, $B=13b$

(a, b は互いに素で，$a<b$) と表せる。

和が117だから

$A+B=13a+13b=13(a+b)=117$

$a+b=9$

a, b は互いに素であり，$a<b$ だから

$(a, b)=(1, 8), (2, 7), (4, 5)$

よって，$(A, B)=(13, 104), (26, 91), (52, 65)$

○ 足して 9 になる互いに素の 2 数を求める。

Challenge

2 数 A, B は最大公約数 G を用いて

$A=Ga$, $B=Gb$

$(a, b$ は互いに素で，$a<b)$ と表せる。

○ $A<B$ なので $a<b$ である。

A, B の積が 2646 より

$AB=G^2ab=2646$ ……①

最小公倍数が 126 より

$Gab=126$ ……②

②を①に代入して

$126G=2646$ よって，$G=21$

②に代入して $ab=6$

a, b は互いに素であり，$a<b$ だから

$(a, b)=(1, 6), (2, 3)$

A, B は 2 桁だから $A=42$, $B=63$

○ $a=1$, $b=6$ は，$B=21×6=126$ となり，2 桁という条件に適さない。

82 (1) k を整数として，3 の倍数でない a を次の(i), (ii)で表すと

(i) $a=3k+1$ のとき

$a^2-1=(3k+1)^2-1$

$\quad =9k^2+6k+1-1=3(3k^2+2k)$

○ $3k^2+2k$ は整数。

よって，3 の倍数になる。

(ii) $a=3k+2$ のとき

$a^2-1=(3k+2)^2-1$

$\quad =9k^2+12k+4-1=3(3k^2+4k+1)$

○ $3k^2+4k+1$ は整数。

よって，3 の倍数になる。

(i), (ii)により，題意は示された。

(2) k を整数として $n=4k+1$ と表すと

$n^2+7=(4k+1)^2+7$

$\quad =16k^2+8k+1+7$

$\quad =8(2k^2+k+1)$

よって，8 の倍数になるから示された。

Challenge

$n=4k$, $4k+1$, $4k+2$, $4k+3$ $(k=0, 1, 2, 3, ……)$ で表す。

○ 厳密には $k=0$ のとき，$n=0$ も入る。

(参考) 高校数学では，自然数に 0 は含まれないが，一般的な数学では 0 を含めて考えることの方が多い。

(i) $n=4k$ のとき

$n^2=(4k)^2=4(4k^2)$ よって，4 で割った余りは 0

(ii) $n=4k+1$ のとき

$n^2=(4k+1)^2=16k^2+8k+1$

$\quad =4(4k^2+2k)+1$ よって，4 で割った余りは 1

○ $n=4k-3$, $4k-2$, $4k-1$, $4k$ $(k=1, 2, 3, …)$ と表してもよい。

(iii) $n=4k+2$ のとき

$\begin{aligned}n^2&=(4k+2)^2=16k^2+16k+4\\&=4(4k^2+4k+1) \quad \text{よって，4で割った余りは0}\end{aligned}$

(iv) $n=4k+3$ のとき

$\begin{aligned}n^2&=(4k+3)^2=16k^2+24k+9\\&=4(4k^2+6k+2)+1 \quad \text{よって，4で割った余りは1}\end{aligned}$

ゆえに，(i)〜(iv)で題意は示された。

(i)と(iv)を一緒にして
$n=4k\pm1$ のとき
$\begin{aligned}n^2&=(4k\pm1)^2\\&=4(4k^2\pm2k)+1\end{aligned}$
としてもよい。

83 (1) 右の計算より

$1591=1517\times1+74$

$1517=74\times20+37$

$74=37\times2$

よって，最大公約数は **37**

$\begin{array}{r} 2 \\ 37{\overline{\smash{)}}74} \\ 74 \\ \hline 0 \end{array}$ $\begin{array}{r} 20 \\ {\overline{\smash{)}}1517} \\ 148 \\ \hline 37 \end{array}$ $\begin{array}{r} 1 \\ {\overline{\smash{)}}1591} \\ 1517 \\ \hline 74 \end{array}$

(2) 右の計算より

$\dfrac{7747}{8357}=\dfrac{61\times127}{61\times137}=\dfrac{\mathbf{127}}{\mathbf{137}}$

$\begin{array}{r} 3 \\ 61{\overline{\smash{)}}183} \\ 183 \\ \hline 0 \end{array}$ $\begin{array}{r} 2 \\ {\overline{\smash{)}}427} \\ 366 \\ \hline 61 \end{array}$ $\begin{array}{r} 1 \\ {\overline{\smash{)}}610} \\ 427 \\ \hline 183 \end{array}$ $\begin{array}{r} 12 \\ {\overline{\smash{)}}7747} \\ 610 \\ \hline 1647 \\ 1220 \\ \hline 427 \end{array}$ $\begin{array}{r} 1 \\ {\overline{\smash{)}}8357} \\ 7747 \\ \hline 610 \end{array}$

Challenge

(1) $65=31\times2+3 \longrightarrow 3=65-31\times2$ ……①

$31=3\times10+1 \longrightarrow 1=31-3\times10$ ……②

②を①に代入して

$\begin{aligned}1&=31-(65-31\times2)\times10\\&=65\times(-10)+31\times21\end{aligned}$

よって，x, y の組の1つは $\boldsymbol{x=-10,\ y=21}$

(2) $297=139\times2+19 \longrightarrow 19=297-139\times2$ ……①

$139=19\times7+6 \longrightarrow 6=139-19\times2$ ……②

$19=6\times3+1 \longrightarrow 1=19-6\times3$ ……③

③に，②，①を順次代入して

$\begin{aligned}1&=19-(139-19\times7)\times3\\&=19\times22+139\times(-3)\\&=(297-139\times2)\times22+139\times(-3)\\&=297\times22+139\times(-47)\end{aligned}$

よって，$297\times22+139\times(-47)=1$

ゆえに，x, y の組の1つは $\boldsymbol{x=22,\ y=-47}$

84 (1) $9x+5y=1$ の整数解の1つは $x=-1$, $y=2$

$9x+5y=1$ ……①

$9\cdot(-1)+5\cdot2=1$ ……② とすると

①−②より

$9(x+1)+5(y-2)=0$

$$9(x+1)=5(2-y)$$

5 と 9 は互いに素であるから k を整数として

$$x+1=5k, \quad 2-y=9k \quad \text{と表せる。}$$

よって，$\boldsymbol{x=5k-1,\ y=-9k+2}$ （k は整数）

(2) $13x+5y=-4$ の整数解の 1 つは $x=2,\ y=-6$

$$13x+5y=-4 \quad \cdots\cdots\text{①}$$

$$13\cdot2+5\cdot(-6)=-4 \quad \cdots\cdots\text{②} \quad \text{とする。}$$

①－② より

$$13(x-2)+5(y+6)=0$$

$$13(x-2)=5(-y-6)$$

5 と 13 は互いに素であるから k を整数として

$$x-2=5k, \quad -y-6=13k \quad \text{と表せる。}$$

よって，$\boldsymbol{x=5k+2,\ y=-13k-6}$ （k は整数）

> 割り切れる性質を利用して
> $13x+5y=-4$ より
> $$y=-\left(\frac{13x+4}{5}\right)=-\left(2x+\frac{3x+4}{5}\right)$$
> $x=2$ のとき割り切れて整数になり，このとき
> $$y=-(2\cdot2+2)=-6$$

別 解

$13x+5y=-4 \quad \cdots\cdots\text{①} \quad$ とする。

$13x+5y=1$ となる整数解の 1 つは $x=2,\ y=-5$ だから

$13\cdot2+5\cdot(-5)=1 \quad$ 両辺を -4 倍して

$13\cdot(-8)+5\cdot20=-4 \quad \cdots\cdots\text{②} \quad$ とする。

①－② より

$$13(x+8)+5(y-20)=0$$

$$13(x+8)=5(20-y)$$

5 と 13 は互いに素であるから k を整数として

$$x+8=5k, \quad 20-y=13k$$

よって，$\boldsymbol{x=5k-8,\ y=-13k+20}$ （k は整数）

> $ax+by=c \quad \cdots\cdots\text{①}$ のとき
> $ax+by=1$ となる整数解をみつける。両辺を c 倍して，
> $ax_0+by_0=c \quad \cdots\cdots\text{②}$ とする。
> ①－② より
> $a(x-x_0)+b(y-y_0)=0$
> をつくる。

Challenge

> $k=k'+2$ とおくと
> $x=5(k'+2)-8=5k'+2$
> $y=13(k'+2)+20=13k'-6$
> となり解と同じ形である。

5 で割ると 1 余る自然数 n は $n=5x+1$

14 で割ると 4 余る自然数 n は $n=14y+4$

と表せる。ただし，$x,\ y$ は 0 以上の整数。

これらは等しいから

$$5x+1=14y+4$$

$$5x-14y=3 \quad \cdots\cdots\text{①}$$

①の整数解の 1 つは $x=9,\ y=3$ だから

$$5\cdot9-14\cdot3=3 \quad \cdots\cdots\text{②}$$

①－② より

$$5(x-9)-14(y-3)=0$$

$$5(x-9)=14(y-3)$$

5 と 14 は互いに素であるから，k を 0 以上の整数として

$$x-9=14k, \quad y-3=5k \quad \text{すなわち}$$

$$x=14k+9, \quad y=5k+3 \quad \text{と表せる。}$$

$x=14k+9$ を $n=5x+1$ に代入して

$$n=5(14k+9)+1=70k+46$$

よって，最小となる自然数は $k=0$ のとき　**46**

> $5x-14y=1$ とる $x,\ y$ は
> $5\cdot3-14\cdot1=1$
> この両辺を 3 倍して
> $5\cdot9-14\cdot3=3$

> $y=5k+3$ を $n=14y+4$
> に代入しても
> $n=14(5y+3)+4$
> $\quad=70y+46$
> が得られる。

3桁の自然数で最小となるものは

$\qquad 70k+46\geqq100$　より　$k=1$ のとき　**116**

85 $xy+2x+y=3$　より

$\qquad (x+1)(y+2)-2=3$

$\qquad (x+1)(y+2)=5$

x, y は整数だから

$x+1$	1	5	-1	-5
$y+2$	5	1	-5	-1

これを満たす (x, y) の組は

$\qquad (x, y)=(0, 3), (4, -1), (-2, -7), (-6, -3)$

よって，xy が最大になるものは $\boldsymbol{x=-6, y=-3}$ である。

◑ $\underline{xy+2x}\underline{+y=3}$ 合わせる

$\quad \underline{x(y+2)}+\underline{(y+2)}-2=3$

$\quad$ 同じ項をつくる

$\quad (x+1)(y+2)=5$

Challenge

$\dfrac{1}{x}+\dfrac{1}{y}=\dfrac{1}{6}$ の両辺に $6xy$ を掛けて

$\qquad 6y+6x=xy$

$\qquad xy-6x-6y=0$

$\qquad (x-6)(y-6)=36$

x, y は正の整数だから

$\qquad x-6\geqq-5, y-6\geqq-5$

よって，x が最大になる (x, y) の組は

$\qquad x-6=36, y-6=1$　だから　$\boldsymbol{y=7}$

◑ $\underline{xy}\underline{-6x}\underline{-6y}=0$

$\quad \underline{x(y-6)}-\underline{6(y-6)}-36=0$

$\quad$ x の係数に合わせて

$\quad -6(y-6)=-6y+36$ の 36 を引く

86 $1515_{(7)}=1\times7^3+5\times7^2+1\times7^1+5\times7^0$

$\qquad\qquad =343+245+7+5$

$\qquad\qquad =\boldsymbol{600_{(10)}}$

右の割り算より

$\qquad 1515_{(10)}=\boldsymbol{4263_{(7)}}$

$\qquad 7\overline{)\,1515}$

$\qquad 7\overline{)\,216}\cdots3\uparrow$

$\qquad 7\overline{)\,30}\cdots6$

$\qquad \,4\cdots2$

Challenge

$212_{(n)}=2\times n^2+1\times n^1+2\times n^0 \quad (n\geqq3)$

$\qquad\quad =2n^2+n+2$

これが 80 になるから

$\qquad 2n^2+n+2=80$

$\qquad 2n^2+n-78=0$

$\qquad (n-6)(2n+13)=0$

よって，$\boldsymbol{n=6}$ （$n\geqq3$ を満たす。）

◑ $212_{(n)}$ のとき，n は 3 以上の自然数である。

◑ $1 \diagdown -6 \cdots\cdots -12$

$\quad 2 \diagup 13 \cdots\cdots 13$

$\qquad\qquad\qquad\quad \overline{1}$